Inhaltsverzeichnis

Eine Kuh macht Muh …
(Berthas Vorwort)

Ich? Ein Vorwort? Kuhl! Hab so was ja noch nie gemacht. Also: Zuallererst möcht ich die Heidi vom Zankl-Hof und die Wera vom Stapfl-Bauern grüßen lassen. Wir haben letztes Jahr oben auf der Riegel-Alm als Jungvieh gemeinsam die Gegend unsicher gemacht. Eine super Zeit mit tollem Gras. Ja, und dann soll ich zu diesem Buch das große Muh beisteuern. Ich meine, es gibt ja schon reichlich Bücher und Internetseiten über Kühe, Almen, Viehzucht und wie man all das richtig macht. Und auch darüber, wie wir Kühe manchmal gequält werden. Aber es gibt wohl noch keines, wo auch das Rind zu Wort kommt.

Was wir vom Absägen, Herausschälen oder Ausbrennen der Hörner halten, nur, weil ein paar Bauern nach 5000 Jahren Rinderhaltung plötzlich Angst haben, sich weh zu tun, quittiere ich mit einer großen matschigen Kuhflade. Und ähnlich unverdaulich trotz Wiederkäuen sind für mich diese unglaublich großen, vierseitigen Ohrmarken, die sie uns jetzt im Kälberalter ins Läppchen ballern. Trottelhaft sieht das aus. So, als ob wir uns schon mal an die Preiszettel für Steak im Supermarkt-Sonderangebot gewöhnen sollen. Wir sind ja keine Autos, die man wegen überhöhter Geschwindigkeit in Radarfallen erwischen muss. Stellt euch vor, ihr Menschen würdet mit so was herumlaufen müssen. Statt eurem Reisepass. Ihr würdet euch ja nicht mehr aus euren Ställen trauen.

Überhaupt fürchte ich, dass der Mensch im 21. Jahrhundert ein wenig den Bezug zu seinen Haustieren verloren hat. Und damit meine ich nicht Karli, den Wellensittich, oder Murli, den Stubentiger, oder Bello. Und ich spreche auch nicht von jenen Biobauern in Österreich und Deutschland, die sich sehr redlich und intensiv mit uns befassen, weil am Ende ja auch etwas für sie dabei herausschauen soll. Ich meine jene Menschen, Stadtmenschen, die von Kindheit an Kühe nur noch als styroporverpackte Fleischscheiben kennen, und selbst das nur, weil groß »Rindersteak« über dem Ablaufdatum steht. Und diese Leute hatten noch nicht einmal davon gehört, dass wir Pflanzenfresser perverserweise mit zermahlenen Knochen gefüttert werden, bis dieser BSE-Skandal aufgeflogen ist. Denen fehlt dann natürlich auch das Gefühl, dass wir Tiere sind, die man streicheln und auch ein wenig liebhaben kann, die auch selber einen Bezug zu einem Menschen herstellen können, den sie kennen. Hand aufs Herz: Wisst ihr, dass wir Kühe nicht automatisch Milch geben, wenn wir ausgewachsen sind, sondern, dass wir dazu erst unser erstes Kälbchen zur Welt bringen müssen? Ach, noch nie darüber nachgedacht? Eben. Und deshalb finde ich es gut, dass dieser Viehhüter-Journalist, der letzten Sommer auf uns aufgepasst hat, mit diesem Buch ein wenig das Kuh-Allgemeinwissen auffettet und auf seine Art eine ganz persönliche Lanze für uns bricht. Dann lauft ihr Touristen im Sommerurlaub vielleicht nicht mehr in Panik vor uns davon, wenn ihr unsere Wohnzimmer auf der Alm betretet, sondern könnt unterscheiden, wann wir dann nun einmal allergisch darauf reagieren – und was davon nur schlichte, harmlose weibliche Neugier ist.

Apropos Neugier: Ich möchte mich abschließend an dieser Stelle für alle Kühe der Weiden dieser Welt bei den Viehhütern entschuldigen, dass wir ständig rudelweise abhauen. Ich weiß auch nicht, warum das immer passiert. Aber es ist bestimmt nicht Absicht. Da gehen wir nichts Böses planend mit gesenktem Kopf und chronisch knurrendem Magen die Wiese entlang und rupfen und zupfen die würzigsten und nahrhaftesten Gräslein aus, was ziemlich viel Konzentration fordert. Schließlich muss unsereiner ja jeden Tag bis zu 100 Kilo Gras futtern, um satt zu werden. Und das tun wir nun mal, indem wir einfach einer Freundin aus der Herde ein bisserl nachgehen, weil's allein saufad ist und weil die oft schon vom Vorjahr weiß, wo was Gutes wächst. Und eh man sich's versieht, steht man zu zwanzigst mitten im Wald, nur weil die Leitkuh mit einer vagen Ahnung, wo es langgeht, vorneweg spaziert ist, der alte Zaun nicht besonders stabil war, und neunzehn von uns den Anschluss nicht verlieren wollten. Ich geb zu, das ist blöd und lästig. Aber Absicht steckt wirklich keine dahinter. Kuh-Ehrenwort!

Eure Bertha

… viele Kühe machen Mühe (Vorwort des Autors)

Rinderhirte – das klingt im 21. Jahrhundert wirklich verdammt archaisch, geradezu mittelalterlich. Aber wenn wir in Europa in den kommenden Jahren und Jahrzehnten wieder die Kurve zu hochwertigen, biologischen Lebensmitteln hinbekommen wollen, dann ist es das ganz und gar nicht. Der Job wird zwar nicht gerade fürstlich entlohnt, und man braucht auch – rein theoretisch – keine besondere Ausbildung, aber er erlebt trotzdem in Zeiten saftiger EU-Förderungen für die Alpung von Kuh und Schaf eine erstaunliche Renaissance. So zwiespältig das mit den Folgen solcher Förderungen oft ist, hat die EU doch immerhin erkannt, dass der Erhalt (bzw. die Wiederbelebung) der traditionellen Almflächen mit ihren Alpenwiesen voller Arnika und Enzian auch dem Tourismus guttut. Mehr als 9000 Almen gibt es heute allein in Österreich. Und erstaunliche 7400 Hirten kümmern sich dort jeden Sommer um rund 326 000 Rindviecher. Das macht zwar aus der Viehhüterei – dafür, dass man nach vier Monaten wieder als Arbeitsloser dasteht – noch immer kein lohnendes Geschäft, aber da man am Berg nicht allzu viel ins Kino und ins Theater geht, das Golfspielen gratis ist (siehe »Spiele« im Kapitel »Was braucht es schon zum Glücklichsein?«) und man auch beim Abendessen nur ganz selten dem Kellner ein Trinkgeld geben muss, kann man den Sommer über schon ganz gut davon leben. Und wenn man ganz ausgeschlafen ist, tut man es dem Schweizer Landwirt Paul Wyler gleich, der begonnen hat, seine Kühe via Internet an Stadtmenschen zu verleasen: Der jeweilige saisonelle Viehbesitzer bekommt bei ihm laut Vertrag in vier Werkstunden Einblicke ins Almbauernleben, lernt Zäune zu setzen, auszumisten und Weiden zu pflegen und darf am Ende zum Vorzugspreis Almkäse von seiner Kuh kaufen. Selbstverständlich hat er auch uneingeschränktes Besuchsrecht, was sich wiederum in den Nächtigungszahlen niederschlägt.

Nach allen möglichen abenteuerlichen Reisen in Asien, Afrika und Südamerika, die mich aus dem Büroalltag herausreißen und die seelischen Batterien möglichst binnen zwei Wochen wieder aufladen sollten, fiel mir endlich auf, dass eines der größten, aber auch ehrlichsten verbleibenden Abenteuer, das ich mir vorstellen kann, von meiner Heimatstadt Wien aus gesehen keiner Fernreise bedarf: allein mit der Gebirgsnatur sein, dort einen ganzen Sommer lang bei Sonne, Regen, Hagel, Sturm, ohne Strom, ohne Heißwasserleitung, ohne Zentralheizung, ohne TV, Internet, Mikrowelle, Kühlschrank, Waschmaschine, Staubsauger zurechtkommen. Und dabei für 70 bis 80 Kühe verantwortlich sein, sie hüten, auf neue Weiden führen, sie suchen, aus misslichen Lagen befreien und notfalls verarzten *(»sie lieben, sie ehren«* – klingt fast wie ein Eheversprechen ...). Was für eine schwierigschöne Aufgabe. Vor allem, wenn man von all dem überhaupt keine Ahnung hat.

Ich geb's zu, ich hatte mir das Ganze viel beschaulicher vorgestellt: in der Wiese liegen und Grashalm kauend Gedichte schreiben, Berglandschaft genießen, Seele baumeln lassen, über das Leben an sich nachdenken und nebenbei – von einer unterbewussten Routine gesteuert – ein paar dahinbummelnde, um mich kreisende Viecherln überschauen.

Die Realität ist ein körperlich harter Job mit manchmal ziemlich gefährlichen oder einfach nur völlig überfordernden Situationen, aber auch wunderschönen sonnigen Seiten, die zum Glück immer wieder zwischen tiefschwarzen Problemwölkchen hervorblitzen.

Dieser unglaublich lehrreiche und eindrucksvolle Sommer hat bei mir ein Umdenken bewirkt: Ich kannte als Journalist die Geschichten und Bilder von der unsäglichen Tierquälerei bei europaweiten Viehtransporten, dem BSE-Wahnsinn, der Haltung von Kühen wie vierbeinige Kleinst-Milchfabriken mit überdehnten Rieseneutern, die den Tieren das normale Gehen und Laufen unmöglich machen. Auch wenn wir alle dies im Prinzip wissen, aus Zeitschriftenartikeln, Fernsehbeiträgen und nicht zuletzt durch den hervorragenden Film »We feed the world« von Erwin Wagenhofer, so ist all das für einen Stadtmenschen doch trotzdem ziemlich weit weg.

Dabei werden nicht einmal im schönen Alpenländchen Österreich Tiere trotz all der patriotischen Biorind-Propaganda immer so gehalten, dass man von »artgerecht« sprechen kann. Ist das in Ordnung, das Kalb der Mutter gleich nach der Geburt wegzureißen und mit Milchersatz aus Pulver und Wasser mittels Gummizitze zu füttern? Ist bei vielen Bauern Standard-Vorgehensweise. Ist es vertretbar, Schweine, die dem Menschen genetisch und klugen Hunden im Verhalten so ähnlich sind, in kleinen Boxen mit wenigen Quadratmetern Bewegungsfreiheit zu halten, damit sie schneller Speck auf die Rippen bekommen? Ist bei vielen Bauern normal. Jeder,

der (wie ich) das Glück hatte, zwei Schweinen beim Herumtollen auf der Wiese oder einem liebevoll an der Seite seiner Mutter geführten Kälbchen zuzusehen, dem tut allein die Vorstellung in der Seele weh.

Sicher, das mag der Insider als naive Frühstück-am-Bauernhof-Romantik abtun. Trotzdem muss man darauf hinweisen. Die Gewinnmargen der Viehzüchter sind in den letzten Jahren stark gesunken, durch die Globalisierung, die grenzenlose EU, in der Billigschweine aus Friesland lebend nach Italien gekarrt werden, nur, weil man sie dann als teuren Parmaschinken wieder in Hamburg auf den Markt bringen kann, und durch die große Konkurrenz aus Osteuropa. Aber kann die Masse wirklich nur mit Massentierhaltung bedient werden?

Aus jeder Sackgasse kommt man in der Regel wieder heraus, wenn man bereit ist, den Weg zurück zur letzten Kreuzung zu gehen, an der man, ohne auf die Wegweiser zu achten, unachtsam vorbeigerauscht ist: Jahrtausendelang galt die Beziehung zwischen Mensch und Nutztier als Symbiose. Eine Symbiose ist per Definition im Pflanzen- und Tierreich ein Zusammenwirken zweier Seiten, so dass beide einen Vorteil davon haben. Der Mensch Lebensmittel, Bekleidung und in manchen Regionen der Welt bis heute Brennstoff (Kuhdung) für die Küche; das Tier Nahrung, Gesundheit, Sicherheit. In den letzten Jahrzehnten sind diese Vorteile aber sehr zuungunsten der Nutztiere verrutscht. Rund 1,5 Milliarden Rinder gibt es derzeit weltweit. Eine unvorstellbare Menge, die im Laufe der letzten 30 Jahre um etwa die Hälfte zugenommen hat. Der Mensch (und damit ist auch der sonst so unbescholtene Konsument gemeint) erzielt immer höheren

Gewinn aus dieser ehemaligen Zweierbeziehung, und dem Tier bleibt oft nicht mehr, als das nackte, eingepferchte Leben, das ihm der Mensch zudem auch noch durch Mastzucht und Leistungshormone radikal verkürzt.

Auch deshalb - nicht nur, weil ich meine tollpatschigen Lektionen als Stadtei auf der Alm schildern wollte - habe ich zu diesem Thema gegriffen. Die Biowelle schwappt gerade großflächig über Europa, mobile Schlachthöfe (statt Viehtransporte) sollen in Österreich den Leidensweg der Tiere auf wenige Meter verkürzen. Und wir sollten leidenschaftlich als Konsumenten auf dieser Welle mitschwimmen: Denn frische Bio-Milch und alles, was man daraus macht, mundet sensationell, auch ohne Geschmacksverstärker im Joghurt und im Käse. Und auch Fleisch und Eier von natürlich gefütterten und artgerecht gehaltenen Tieren schmecken deutlich besser. Vorausgesetzt, die von Kunstaromen abgestumpfte Zunge ist noch zum Schmecken und zum Vergleichen in der Lage.

Auch die Preisunterschiede sind nicht mehr so groß, als dass die meisten von uns es sich nicht leisten könnten, sie zu zahlen, wenn wir nur wollten. Und dann: Fliegen Sie doch einmal nicht in die Türkei im Sommer oder nach Italien, und schauen Sie sich in Ruhe vor Ort an, wo unsere täglichen Köstlichkeiten herkommen, wenn sie nicht per Schiff, Flugzeug und Lkw um den halben Globus geschickt wurden. Wenn Ihnen Ihr gastgebender Bauer dann noch eine selbstgemachte Leberwurst oder einen selbstgeräucherten Speck aus seiner Schatzkammer zu frischem Brot, Butter und Bier auftischt, spätestens dann werden Sie mir hoffentlich recht geben.

Tobias Micke im Januar 2008

I. Hirte sucht Herde

Bauernregel:

»Will der Stadtmensch Almluft schnüffeln,
muss er brav im Viehkurs büffeln.«

Prof. Dr. Diplom-Viehhüter

Eigentlich erschreckend, wie wenig es uns interessiert, was genau in unseren Lebensmitteln drin ist. Immerhin nehmen sie doch den sehr intimen Weg durch den Mund in unseren Magen. Aber es gibt ein paar Möglichkeiten, um als Laie mit Neugier und etwas Zeit im Köcher die Zauberwelt von Essen und Trinken besser kennenzulernen. So ein Lebensmittelchemie-Studium ganz nebenbei ist bestimmt informativ. Oder eine Bäckerlehre. Man könnte auch als Erntehelfer ein paar Monate in Australien von Farm zu Farm jobben.

Bei uns in Österreich (und auch in Deutschland, Südtirol und der Schweiz) ist aber bestimmt die originellste Methode der lebensmitteltechnischen Horizonterweiterung, für ein paar Wochen oder Monate auf einer Milchvieh-Alm in den Bergen auszuhelfen. Jeden Sommer brauchen Tausende Almen im deutschen Sprachraum Melker, Käsemeister, Viehtreiber, Kellner, Mädchen (und Burschen) für alles. Dort arbeitet man dann im Team, muss sich einem strengen Tagesrhythmus unterordnen, erlebt aber bestimmt Unvergessliches und bekommt definitiv ein Gefühl dafür, wie »auch heute noch« hart geschuftet werden muss, um ehrliche Produkte zu erzeugen, die dem Bergbauern als Bio-Lebensmittel vom Verbraucher aus der Hand (oder aus den Supermarktregalen) gerissen werden.

Sich im Urlaub auf dem Land ein bisserl nach einer solchen Stelle umzuhören, kann da schon helfen. Aber man darf dabei nicht vergessen: Es ist ein Riesenunterschied, jemandem für zwei Wochen pro Jahr als Stammgast ein Zimmer am Bauernhof zu vermieten, wo er ein paar Mal die Heugabel schwingen darf, oder ihn im Gegensatz dazu mit einer verantwortungsvollen Aufgabe zu betrauen, die man ihm zudem (mit *dem* Wohlstandsbäuchlein, *dieser* Büroerfahrung und *den* Händen beim allerbesten Willen) nicht zutraut.

Herauszufinden, wie Europas Bio-Lebensmittel erzeugt werden, war allerdings ehrlich gesagt nicht mein Hauptmotiv, um einen Sommer lang auf die Alm zu gehen. Auf die Standardfrage *»Und wie kommt man auf so eine seltsame Idee?«* habe ich manchmal geantwortet: »Dies ist mein Coming-out: Ich liebe einfach Kühe.« Und inzwischen – während ich dieses erste Kapitel noch vor der Viehhüter-Hütte zu schreiben beginne – bin ich mir manchmal gar nicht mehr so sicher, ob da nicht etwas dran sein könnte. Die Wahrheit: Mein textender Freund Peter, der jedes Jahr in großer Stille auf einer einsamen Alm im steirischen Dachsteinmassiv auf die Jungkühe seines Bauern-Bruders aufpasst, ist schuld. Er hat mich vor fünf Jahren für ein paar Tage mit in die alpine Einsamkeit genommen: kein Strom, kein Handyempfang, Wasser nur aus derselben, hundert Meter von der Hütte entfernten Quelle, aus der auch die Kühe schlürfen. Die Hütte selbst nur nach mehrstündigem Fußmarsch von einem Forstweg aus erreichbar. Alles, was man isst und trinkt, ist folglich auf dem eigenen Buckel mitzuschleppen, was bewirkt, dass man selbst das letzte harte Brotscherzerl noch mit Bedacht kaut und ein mitgebrachtes Bier (aufgrund des Gewicht-Nutzen-Verhältnisses) der größte Luxus ist, den man sich vorstellen kann.

Ich war natürlich überfordert, was sonst? Diese Abgeschiedenheit war in der kurzen Zeit meines Besuchs einfach nicht fassbar. Mein Unterbewusstsein schaffte es nicht, sich in den wenigen Tagen an diese neue Dimension der Abgeschiedenheit zu gewöhnen, die ich noch nie in meinem Leben so zu spüren bekommen hatte und die ja trotz allem noch durch die Anwesenheit meines Freundes »verwässert« wurde. Die Sache arbeitete lange Zeit in mir nach, auch nachdem ich schon längst wieder in die Routine meines hektischen, städtischen Alltags voller Gesprächspartner, voller Sicherheitsnetze, voller bequemer Bus- und Flugverbindungen eingetaucht war.

Irgendwann war er dann ganz plötzlich da: dieser seltsame Wunsch, einen Sommer auf so einer abgelegenen Alm zu verbringen. Über Jahre im Unterbewusstsein gewachsen und plötzlich durch eine seelische Bodenwelle hinaufgeschwappt ins Bewusste.

Den Freund ausgefragt, die Landwirtschaftskammer sowie ein paar Ingenieure und Hofräte konsultiert und dann endlich auf dieser großartigen Internetseite www.almwirtschaft.com gelandet. Ja, Globalisierung und Vernetzung machen natürlich auch vor so fundamentalen Dingen wie der Landwirtschaft nicht halt. Und das ist gut so, denn es war für die Bauern nie leicht, verlässliches Almpersonal für drei oder vier Monate zu bekommen. So gibt es bei der »Almwirtschaft« wie in jedem ordentlichen Anzeigenportal eine Rubrik »Stellensuche«, in der man seine bescheidenen Dienste anbieten kann.

Reichlich Anfragen bekommt man auf ein Inserat wie »Alleinstehender, genügsamer Melker mit 10 Jahren Erfahrung in der Schweiz und Österreich sucht Almtätigkeit für den kommenden Sommer. Hoher Verdienst steht nicht im Vordergrund«. Bei einer ehrlichen Schaltung wie »Ahnungsloser, aber sehr bemühter Stadtmensch will einen Sommer lang Kühe hüten. Bin sportlich (spiele jede Woche zweimal Tennis) und geschickt (zumindest hat das mein Bastellehrer immer gesagt). Bezahlung: Möglichst viel ...« wird die Sache schon schwieriger. Natürlich ereilt einen auch hier derselbe Fluch, mit dem jeder Berufsanfänger zu kämpfen hat: »Kommen Sie wieder, wenn Sie Erfahrung gesammelt haben.« – »Aber wie soll ich denn Erfahrung sammeln, wenn mich niemand nimmt?!« – »Das ist nicht unser Problem. Pfiat Eana!«

Na dann vielleicht doch lieber hoffnungsvoll in der Rubrik »Stellenangebote« gesurft: Kleinlaut stellt man sehr schnell fest, dass man wohl nicht den Funken einer Chance hat, bei einem Inserat wie diesem den Zuschlag zu bekommen: »Suche Viehhirten für abgelegene Alm am Ufer des Königsees. Hütte und Weiden nur per Boot zu erreichen. 100 Stück Vieh. Bewerber sollten zumindest zwei Jahre Erfahrung haben.«

100 Stück Vieh?!! Dann vielleicht doch lieber einen Sack Flöhe. Wie soll man 100 Kühe allein, unter Kontrolle halten? Ich hatte eher auf 20, 30 Stück gehofft. – Erfahrung? Na ja,

ich war immerhin als Kind zwei Sommer hintereinander in den Ferien auf demselben Bauernhof. Das ergibt doch schon so etwas wie Routine…

Beim nächsten Inserat greife ich sofort zum Telefon: »Gemeinschaftsalm in Südtirol sucht Viehhüter, mehrere Hütten zur Verfügung.« – Nach zweiminütigem Läuten ruft eine Frauenstimme aus einem anderen Universum: »Joooooh?« – (Ich stelle mir sofort eine schwerhörige 1,10 Meter große Altbäuerin mit Kopftuch und Blumenkittel vor, die vom markerschütternden Geläut eines Vorkriegswählautomaten mit getrenntem Sprech- und Hörerteil aus dem scheintoten Dämmerschlaf von der Bank vor der Hütte gerissen wurde.) »Grüß Gott, ich rufe aus Wien an wegen dem Inserat im Internet, Viehhüter gesucht. Ist die Stelle noch zu haben?« – »Jooooh?!« – »Äääh, und was muss ich da genau tun?« – »No, 's Vieh hüten! Woatn S', i hol mein Enkel.« – Nach langem, mühevollem Frage-Antwort-Spiel, bei dem ich ständig über den Südtiroler Dialekt stolpere, der am Telefon so verständlich klingt wie Suaheli, habe ich immerhin so viel erfahren: Es gilt, auf einem langen, uneingezäunten Bergrücken 60 Kühe ohne nennenswerte Waffe in Schach zu halten. Die Kühe sollen nicht hinunter bis zur Bundesstraße und auch nicht über die Felsen auf der anderen Seite abstürzen. Und ich kann in jeder der drei Hütten übernachten, die etwa drei Stunden Fußmarsch voneinander entfernt liegen. Ich fühle mich völlig überfordert von dem Gedanken, wie ein Halbnomade einen Sommer lang Kühen hinterherzuhecheln, ohne eine fixe Bleibe zu haben. Aber es wird eh nix draus. An meinen Fragen – *»Sind da nicht 60 Kühe für einen Hirten, noch dazu ganz ohne Zaun, ein wenig viel?«* – hat der Enkel –

»Naa, ist doch eh nix!« – messerscharf erkannt, dass ich eigentlich keine Ahnung von der Sache habe. »Da Votta« wird mich zurückrufen, wenn er vom Feld zurück ist. Wenn der arme Mann nicht auf dem Weg nach Hause tödlich verunglückt ist, fühle ich mich jetzt, ein gutes halbes Jahr später, doch ein wenig versetzt.

Aber mein Flehen wird schließlich doch erhört. Der folgende, nach Monaten voller Abfuhren schon etwas verzweifelte Satz, bringt mir den erhofften Job: »Wissen S' was, Herr Lackner? Ich verspreche Ihnen, dass ich kommenden Samstag die fünf Stunden bis zu Ihnen nach Kärnten ins Gailtal hinunter fahre, und Sie versprechen mir dafür, dass Sie den Job vorher nicht vergeben. Dann können Sie schauen, ob Sie mir die Sache zutrauen, und ich, ob ich mich der Sache gewachsen fühle. Wie heißt der Ort? Wirklich Rattendorf?! Na egal, ich komme verlässlich.« Der Obmann der Almgemeinschaft erzählt mir später, als wir schon lange »per du« sind, dass es diese erstaunliche Entschlossenheit in meiner Stimme war, die ihm wichtiger schien als zwei Jahre Viehhüter-Praxis. Ein wirklich bauernschlauer Bursche!

Derselbe bauernschlaue Obmann steckt mich dann schließlich auch in ein Viehhüter-Seminar. Ein was? Ein drei- bis viertägiger Alm-Crashkurs (mit Abschluss-Diplom!), wie er im österreichischen Imst (Tirol) jedes Jahr von der Landwirtschaftskammer zur Vorbereitung auf die kommende Saison veranstaltet wird. Auch in Kärnten, in der Schweiz und in Deutschland gibt es ähnliche Viehhüter-Seminare. Was man dort lernt? Ansatzweise alles: vom Ausschank (Was darf man wie anbieten, zu welchem Preis, wie zubereitet, wie steuerlich behandelt?) über EU-Recht (Wer bekommt welche landwirtschaftlichen Förderungen und wofür?), technische und gesundheitliche Probleme bei der Viehhaltung, richtiger Umgang mit den Besitzern der Tiere bis zum Umgang mit den Weideflächen (Was wächst wo und warum, was mögen die Tiere, was nicht, woher erkennt man, dass die Herde weitergeführt werden sollte?). Nach all der Theorie geht es recht bald zur spannenden Praxis mit einer wirklich buntgemischten Runde von erfahrenen Altbauern, möchtegernerfahrenen Jungbauern, ahnungslosen Großstadt-Aussteigern, erwartungsvollen Retro-Hippies, unterbeschäftigten Pensionisten und arbeitslosen Skilehrern: Zum ersten Mal im Leben ein Euter in die Finger genommen und händisch melken gelernt. Erstmals eine Melkmaschine bedient (und erfahren, dass die Milch dabei wie der ICE Spitzengeschwindigkeiten von bis zu 200 km/h erreicht). Erstmals ein werdendes Kälbchen am Bauch der Mutterkuh gespürt. Erstmals einem Kälbchen nur mit einem Strick und ein paar Knoten ein Halfter angelegt – *»Halt still, du Kröte!«*. Erstmals vor einem gezielten Kuhtritt gerade noch rechtzeitig in Deckung gegangen. Aber auch erstmals einem Viehhüter begegnet, der mit der Digitalkamera Ohrmarken-Portraits und Ganzkörperaufnahmen seiner Herdenmitglieder beim Almauftrieb schießt und sie im Laptop speichert, um sie im Ernstfall abrufen zu können: »Wenn der Bauer dann im Herbst behauptet, seine Kuh wäre magerer als im Frühjahr, dann zeig ich ihm einfach ein Frühjahrsfoto von seinem Tier. Das spart eine Menge Diskussionen ...«

Mit so einem Kurs in der Tasche hat man deutlich bessere Chancen, als Ersttäter einen Almjob zu bekommen, selbst wenn es nicht gleich die einsame, wildromantisch abgelegene Alm mit 100 Prozent Eigenverantwortung ist. Und: Man kann sich währenddessen im Austausch mit den anderen Kursteilnehmern überlegen, ob man nicht das Maul voller genommen hat, als man hätte sollen.

Nicht jeder von uns bekommt zwar in diesem Sommer einen Job auf der Alm. Aber ich denke, dass sich zumindest jeder gemerkt hat, dass Rauschbrand nichts mit trockenen Kehlen nach bäuerlichen Saufgelagen zu tun hat, sondern eine erschreckend schnell tödliche Infektionskrankheit bei Kühen ist, und »Mauke« kein norddeutscher Frauenname, sondern eine schmerzhafte Entzündung der Rinderklaue.

Kleiner Hirtentipp aus der Almpraxis:

Es gibt Dinge im Leben, die sollte man möglichst nicht dem Zufall überlassen. Ob man für den nächsten Sommer eine Arbeit als Viehhirte findet und sich damit einen lang ersehnten Traum erfüllt, gehört definitiv dazu. Neben ordentlicher Vorbereitung gibt es nur noch eine Sache, die einem die Chancen verbessern kann: Lästig sein. Und zwar so richtig lästig. Nicht einfach nur inserieren: »Suche Alm, will Viehhüten. Ruft's mich an!« Selbst aktiv werden, jeden Job anschreiben, der auch nur annähernd passt. Gleich nachfragen, ob nicht sonst noch wer im Tal jemanden brauchen könnte. Nummer und Namen hinterlassen, falls ein Kandidat absagt. Dieser Hirtentipp funktioniert natürlich auch bei gewöhnlichen Jobsuchen. Bei der Partnersuche sollte man damit aber etwas vorsichtiger umgehen.

II. Erster Kontakt

Bauernregel:

»Ist das Vieh ihm nicht geheuer,
ist der Hirt' wohl noch ein neuer.«

Vom Löwenbändiger zum Alm-Karajan

Aus Sicht eines naturliebenden Stadtmenschen waren Kühe auf der Alm für mich immer so etwas wie dekorative Möbelstücke, die sich über das ansonsten vielleicht etwas kahle grüne Wohnzimmer meiner Sommerfrische drapieren wie Blumenvase, Vorhang, Lavalampe oder Aquarium. Vielleicht auch wie die per Zufallsgenerator in Zeitlupe bewegten Teile eines Bildschirmschoners auf dem großen Sommerferien-Monitor. Gewissermaßen ein Bildschirmschoner für Aug' und Seele in einer dahinrasenden, vorprogrammierten Welt. Die Kuh darin ein nicht erfasster, selbstzufriedener Ruhepol, deren Nähe ich schon als Teenager gesucht habe, weil sie mir einfach gefällt: ein riesiges, kraftvolles gutmütiges Tier mit großartigem Gesicht und noch großartigeren Multifunktions-Wuschelohren, dennoch respekteinflößend mit ihren mächtigen Bajonette-Hörnern und im Ernstfall vernichtendem Kampfgewicht. Dazu kam in meinen rebellischen Jugendtagen, dass niemand sonst Kühe toll fand. Pferde vielleicht, Hunde, Geparden oder – um pseudorevolutionär zu sein – Ratten. Aber niemand fand Kühe cool. Hier irgendwo und bei einem Stierkalb namens Saphro, mit dem ich einen Kindheitssommer lang beim Urlaub am Bauernhof in der Steiermark gerauft hatte, liegt wohl der Keim der Sympathie.

So um die 700 bis 800 Kilogramm kann ein solides Durchschnittsrind schon wiegen. Wenn es noch dazu trächtig ist auch 100 Kilo mehr. Selbst wenn die Männchen es auf bis zu 1,2 Tonnen bringen, haben schon die Mädels durchaus automobile Masse, mit der man nicht anecken will. Dazu kommen noch – so der Bauer ihr die Zierde lässt – zwei spitze Stoßstangen. Dass das gehörig Respekt einflößt, wussten schon die alten Wikinger zu schätzen. Beim Viehhüten muss dieser Respekt allerdings gesunde Grenzen haben. Und das kostet zu Beginn dieselbe todesverachtende Überwindung wie beim ersten Bungee-Sprung (hab ich nie gemacht).

Hingehen und die gute Muh gleich mutig hinterm Ohrli kraulen wie den Hund des Nachbarn ist allerdings – wie beim Hund des Nachbarn – nicht unbedingt die beste Strategie. Denn bei allen 450 Rinderrassen, die es auf der Erde gibt, handelt es sich zwar um Herdentiere, die individuelle Kuh entwickelt aber trotzdem jede Menge charakterliche Eigenheiten:

Die einen haben klingende Namen wie Susi oder Alma, werden daheim von Kalbesbeinen an von Hofkindern getätschelt und gequält und reagieren auf menschliche Annäherungsversuche mit neugierigem Kuschelkurs. Das Problem dabei: Wenn so ein verhätscheltes Kälbchen leichtfüßig auf einen zuhüpft, ist das entzückend, keinesfalls bedrohlich. Tut dasselbe Viecherl dies aber noch als Zwei- oder Dreijährige, so dass die Äpfel vom Baum fallen und bei Maulwurfs die Wohnzimmerdecke einstürzt, empfinden dies die meisten Menschen doch als ziemlich bedrohlich.

Andere Kühe hingegen heißen nur »AT 012744606« und sehen einzig den Wanderstock in der Hand des Zweibeiners, der sie bei der ersten hastigen Bewegung zusammenzucken lässt. Dann ist die Reaktion auf eine Annäherung meist heftiges Kopfnicken, was eigentlich nur »Nein« heißen soll (siehe Kuh-Wörterbuch), aber mitsamt Hörnern schnell auch ins Laien-Auge gehen kann.

Trotzdem reagieren Kühe in der Regel nicht so impulsiv wie beispielsweise Löwen und Tiger in der Manege, auch wenn sie sich ebenso erst an ihren Dompteur gewöhnen müssen. Aus Sicht des Hirten sollte die Kuh jedenfalls im Laufe eines Almsommers zu dem Schluss kommen, dass das dürre zweibeinige Gestell mit dem Viehhüterstock mit Vorsicht und Respekt zu genießen ist, also nicht einfach von hinten mit den Hörnern angerempelt werden darf, nur weil es gerade auf einem appetitlich aussehenden Grasbüschel steht. Andererseits sollte auch gleichzeitig mit dem Respekt so etwas wie freundschaftliche Nähe entstehen, damit die Rasselbande auch von allein kommt, wenn man sie ruft.

Dass man diesen Spagat geschafft hat, zeigt sich, wenn man um die Mittagszeit durch die gemütlich im Gras lümmelnde Herde spazieren kann, ohne dass viel mehr zu vernehmen ist als lautes Schmatzen, gutturales Brummeln, allgemeines Ohrenschlackern und die Hälfte der Damen sogar mit geschlossenen Augen und allen vieren von sich gestreckt die Harmonie des Moments genießt.

Weder als Verteidigungs- noch als Angriffswaffe ist bei

all dem der Viehhüterstab zu sehen. Er ist vielmehr wie der Taktstock des Dirigenten, der ein Orchester voller undisziplinierter Muhsiker in Gleichklang zu bringen hat. Ein erfahrener Viehhirte ist ein Virtuose am Stock, der jeden Einsatz präzise abstimmt, ähnlich wie Yehudi Menuhin, Herbert von Karajan oder Seiji Ozawa. Und seine Schützlinge werden (mit ein wenig Viehsalz) zu wahren Künstlern in Sachen Verständnis und Folgsamkeit.

Zusätzlich sollten aber die drei wichtigsten Viehhüterregeln (nachzulesen in der Packungsbeilage beim Kuhkauf) befolgt werden:

1. Willst du bei deinen Kühen etwas erreichen, habe immer mehr Zeit als sie (also wirklich sehr viel Zeit). Vor allem, wenn du feststellst, dass sie nicht mit dem einverstanden sind, was du für sie planst. Wenn die Damen nur widerwillig und im Schneckentempo folgen, geht der weise Hirte eben auch in Zeitlupe vorneweg. Alles andere verursacht auf die Dauer nur Magengeschwüre. Auch laute Wutausbrüche, Verbalinjurien – *»Deine Mutter muss mit einem Schafsbock fremdgegangen sein!«* –, billige Schimpfwörter – *»Blöde Kuh«*, *»Miststück«* – und das speerartige Nachschleudern des Hirtenstocks bewirken wenig. Das liebe Vieh bringt sich höchstens vor dem »kleinen Irren mit dem roten Kopf« in Sicherheit. Und das ist bestimmt nicht der erhoffte Weg durchs suspekt schmale Gatter.
2. Sprich mit deinem Vieh. Dass Pflanzen besser wachsen, wenn man ihnen einen sonnigen Morgen und eine windstille Nacht wünscht, mag eine Legende aus Omas Gurkenbeet sein. Viele Rindviecher sind aber sehr wohl sensibel

genug, um die Stimmung ihres Dirigenten am Tonfall mitzubekommen. Wie sie dann darauf reagieren, ist zwar eine andere Sache, aber einen Versuch ist es wert.

3. Halte eine Kuh nie für dumm oder ungeschickt. Wie bei uns Menschen, findet man auch unter Kühen besonders ausgeschlafene Exemplare. Es gibt fast in jeder Herde solche, die sich grazil mit dem Hinterfuß den Schlaf aus den Augenwinkeln reiben, Kletterpassagen der Schwierigkeitsstufe 6 bewältigen, ohne ins Schwitzen zu geraten (oder sie in besserer Kenntnis des Gelände, als der Hirte geschickt umgehen), und mit zirkusreifer Fertigkeit berührungsfrei über einen niedrig gespannten Elektrozaun stelzen.

»Nashorn« und »Fahrschule« sind jedenfalls die ersten Assoziationen, die mir bei meinem allerersten Kuhkontakt zu Beginn des Almauftriebs in den Sinn kommen. Das Rhino, weil ich einen ähnlich unkalkulierbaren Gesichtsausdruck bisher nur bei einem Panzernashorn auf einer Fotosafari in Kenia gesehen habe. Aber damals saßen wir halbwegs geschützt in einem zebrafarbenen Geländewagen, und der Fahrer gab Vollgas, als der Koloss schließlich, akustisch unterlegt von einem dröhnenden Erdbeben, attackierte. »Fahrschule« kommt mir sofort in den Sinn, weil ich damals in meiner ersten Praxis-Pkw-Stunde ähnlich hilflos vor einem so fremdartigen Ungetüm stand. Und auch bei dieser meiner ersten Kuh würde ich mir einen so einfühlsamen Fahrlehrer wie damals wünschen, der mir vorab die wichtigsten Grundfunktionen erklärt. Oder zumindest eine Betriebsanleitung.

Ich glaube ja, dass es der Kuh – einem nach meinen Erfahrungen vielleicht etwas langsamen, aber durchaus intelligenten Wesen – nicht anders geht, wenn sich ihr ein Unbekannter nähert. Deshalb schaut sie dann oft ein wenig planlos aus der Wäsche, was der Mensch fälschlicherweise wiederum als »dumm« interpretiert. Ein Missverständnis.

Da stehen wir nun also, meine erste Kuh und ich. Der Weg führt von der Vorweide in Serpentinen einen Forstweg hinauf. Und jeder kleine Abzweig, jede Kehre ist eine Versuchung für die Tiere, sich in die Büsche zu schlagen oder zumindest stehenzubleiben, um ein Maul voll Wegrandgras mitzunehmen. Die Kuh wirft einen misstrauischen Blick auf meinen Hirtenstock, ich auf ihre Hörner. Aber statt in die Richtung zu gehen, die ich ihr offenlasse, bleibt sie einfach stehen und schaut. Bilde ich mir das nur ein, oder schielt sie ein wenig? Eine alte Kindheitsüberlegung kommt mir wieder in den Sinn: Ist das Tier vor mir womöglich genauso schlau wie ich, und lässt es sich das nur einfach nicht anmerken? Wenn dem so ist, würde es dann nicht reichen, mich mit dieser Kuh zu verbrüdern, ihr klarzumachen, dass ich ihre heimliche Intelligenz in sämtlichen Punkten anerkenne, ich die Sache mit dem Stock auch altmodisch autoritär finde, aber sie jetzt halt leider trotzdem mitkommen muss?

Die offensichtliche Sprachbarriere lässt mich dieses interessante Experiment auf einen späteren Zeitpunkt verschieben. Wir stehen also einfach da, beide unsicher, ob die Situation eskalieren könnte. Aber dann löst sich unser Problem schließlich in Wohlgefallen auf, als ich bei einem ungeschickten Seitwärtsschritt durch einen im Gras versteckten Stein das Gleichgewicht verliere und mit dem Hirtenstock in der Hand in Richtung Kuh stolpere. Die Kuh macht einen erschreckten Satz in die richtige Richtung – vermutlich hat sie eh nur auf eine solche Aufforderung gewartet –, und weil sie nun schon einmal in Bewegung ist, gehe ich einfach – ein paar Zentimeter größer als vorher – hinter ihr her. Hurra: Meine erste erfolgreiche Amtshandlung als Viehhüter!

»Oioioioiiii!« – »Hoppaaa!« – »Tschokalaaaan!« – »Heijaaa!« Das Vokabular der Dorfbewohner, das sie zum Rufen und Vor-sich-her-Treiben der Kühe benützen, ist ziemlich vielfältig. Und wenn man es selbst zum ersten Mal zaghaft ausprobiert, kommt man sich ziemlich falsch und albern vor. Ich versuche es lieber mit meinem brav in der Schule gelernten Wiener Hochdeutsch. Das kommt mir den Tieren gegenüber ehrlicher vor: »Hey, Mädels! Auf geht's!« Aber da lachen schon die ersten Dorfkinder, weshalb ich mich für den Anfang auf ein neutrales »Heijaaa!« beschränke. Meine eigene kleine Rache kommt spät, aber sie kommt: Am Ende des Sommers wird es dann nämlich so sein, dass sich die Dorfbewohner auf mein »Määädels!« umstellen müssen, wenn sie Bewegung in »meine« Herde bringen wollen, weil sich die Kühe an meinen Spezialruf gewöhnt haben.

Kleiner Hirtentipp aus der Almpraxis:

Kühe sehen zwar nicht besonders gut, haben aber, wenn sie wollen, ein verblüffendes Gedächtnis.
Im Guten wie im Schlechten. Wenn du manchmal aus tierpsychologischen Erwägungen heraus nicht willst, dass sie dich gleich als ihren Viehhirten erkennen, lege dir mehrere Verkleidungen zu und zwei bis drei verschiedene Deos. Falsche Namen sind nicht notwendig. Zumindest die durchschnittliche Kuh wird dich beim Betreten der Weide nicht danach fragen.

III. Der Berg der Erkenntnis

Bauernregel:

»Stürmt das Jungvieh auf die Wiese,
kriegt die Kuh die Midlife-Krise.«

Jenseits des Hamsterkäfigs

Da sitz ich nun in meiner zweiten, sternenklaren und mondlosen Nacht allein vor der Hütte, bewundere die vielen Leuchtkäfer im Gras und genieße das schaurig-schöne Gefühl, ein (immerhin zur Selbsterkenntnis fähiger) Krümel im Universum zu sein. Die Milchstraße, unsere Muttergalaxie, spannt ihr leuchtendweißes Band über dieses Tal seit Millionen von Jahren, wieder einmal ist es unvorstellbar, dass jeder helle Punkt dort oben eine weitere Sonne ist. Mein Himmelsglücksbringer, der Große Wagen, ist am Horizont aufgetaucht. Und als er ein Stück weit in den schwarzen Himmel hineingefahren ist, will ich meinen Augen nicht trauen: Wenn man genau hinsieht, funkeln da ja Hunderte weitere Sternchen zwischen der Handvoll, die ich seit meiner Kindheit kenne! Es muss an der besonderen Dunkelheit liegen, dass ich sie heute zum ersten Mal sehe, obwohl ich gerade diesen Himmelsabschnitt bestimmt schon tausendfach abgesucht habe. Gar nicht weit vom Großen Wagen funkelt ein heller Stern, den ich auch schon lange kenne und eigentlich immer für den Polarstern gehalten habe. Er heißt Arktur, wie ich meinem Sternenhandbuch entnommen habe. Sein Licht, das ich jetzt sehe, ist vor 37 Jahren – also zwei Jahre vor meiner Geburt – von dort oben weggeschickt worden, und er gehört, allen Ernstes, zu einem Sternbild namens Rinderhirte. Zu schön ist das, um nur ein Zufall zu sein. Wieder und immer wieder tut sich diesen Sommer ein völlig neuer Blickwinkel auf ...

Ausklinken. Endlich dem Tempowahnsinn den Rücken kehren. Endlich Zeit haben für »das Wesentliche«. Natürlich auch erst einmal herausfinden, was »das Wesentliche« überhaupt ist. Die meisten dahinhetzenden Stadtmenschen träumen in irgendeiner Form davon. Je nach Typ findet es sich im Traum von der einsamen Karibikinsel, vom Holzfällen in den endlosen Wäldern Kanadas, vom kargen Mönchsein auf Athos. Oder eben von der schroffen, gebirgigen Stille der Alm. Verrückte Welt der Klischees: Während die einen in die Stadt drängen, nach Arbeit und Abwechslung suchen, viel Geld verdienen und Karriere machen wollen, möchten viele, die all das zur Genüge kennengelernt haben, hinaus. Das Gefühl der Fremdbestimmung im Beruf und auch im Privatleben, das des ständigen »Müssens«, laugt sie aus.

»Weniger ist vielleicht doch mehr«, stellen wir gestresst und ausgebrannt fest. Und freuen uns. Denn Selbsterkenntnis ist angeblich der erste Schritt zur Besserung. Im viel zu kurzen Erholungsurlaub genießen wir dann heimlich die Reduktion auf ganz einfache Dinge, die die Gesellschaft im ewigen Wettlauf um Statussymbole nicht anerkennt: Waschen im eisigen Brunnen, Barfußgehen am Sandstrand, einen gusseisernen alten Holzofen, die fernseherlose Stille.

Oder einfach nur, dass sich das leertelefonierte Hightech-Handy mangels Steckdose nicht mehr aufladen lässt. So hat die Reizüberflutung kurzfristig ein Ende, der schillernde Strom der Möglichkeiten wird zum dünnen Bächlein, und mit ihm versickert die Notwendigkeit, permanent Entscheidungen fällen, Meinungen äußern und von anderen gesteckten Zielen nachlaufen zu müssen. Kostbar sind die paar Tage, an denen man sich vom Zeitgeist und der globalen Informationsflut befreit hat: Nur noch heute tue ich mir das an, nur noch diese Woche. Und frustriert wacht man viele Monate später aus der Bewusstlosigkeit auf, um festzustellen, dass es nicht nur kein Ende nimmt, sondern dass man vor lauter Angst, irgendetwas zu verpassen, einfach nicht die Kraft aufbringt, etwas daran zu ändern.

Ich selbst habe mich völlig überrumpelt mit dem Wunsch, einen Sommer lang zum Viehhüten auf eine möglichst stille Alm zu gehen. Meine wahren Beweggründe versteckten sich irgendwo hinter der Schutzbehauptung: »Einmal noch, vor meinem 35. Geburtstag, etwas richtig Verrücktes unternehmen!«

Natürlich habe ich mich insgeheim auch mit Fragen herumgeschlagen wie: Ergibt dein Leben so, wie es sich jetzt entwickelt, noch genügend Sinn für dich? Willst du wirklich auf diese rauhe, innere Pfadfinderstimme hören, die dir rät, die wohlige Nestwärme deiner selbstgestrickten Miniwelt voller beruhigender Routinen zu verlassen? Wenn du das willst, leidest du dann am Ende nicht eh »bloß« klassisch am Peter-Pan-Syndrom? Ein Unwort, das durch seine Erhebung zum medizinischen Fachbegriff eine ganze Generation zu Psycho-Patienten degradiert, die – wie peinlich – nicht todernst, kompromisslos vorbildlich und hoffnungslos berechenbar – sprich »erwachsen« – werden wollen?

Peter Pan, Midlife-Crisis, Realitätsverweigerung, Burnout. – Vielleicht sollte uns egal sein, welche Begriffe Psychoanalytiker für unsere Befindlichkeiten erfinden. Man kann wohl jeden ungewöhnlichen Charakterzug auch als Krankheit umschreiben und eine passende Therapie dagegen entwickeln. Irgendwann liegen wir aber trotzdem allein auf dem Sterbebett mit unserem ganz persönlichen Lebensresümee, auf das niemand mehr Einfluss nimmt. Bei dem Gedanken an diesen finalen Moment hilft mir immer ein zugegeben etwas klischeehafter Satz, den ich einmal irgendwo gehört habe: »Das Leben ist wie eine Theaterpremiere mit nur einer einzigen großen Aufführung.« So versuche ich zu leben. Es ist nur alles ein bisschen viel geworden in letzter Zeit: Unter »Hobbys« führe ich in Fragebögen immer ein halbes Dutzend wunderbarer Dinge an, die ich in Wirklichkeit seit Jahren nicht mehr gemacht habe. Fast unbemerkt verschwinden Freunde zwischen den anwachsenden Terminblöcken in meinem Kalender. Die guten, wertvollen Gespräche gehen verloren, zu denen ich früher immer Zeit hatte. Computerprogramme wie »Mind Map« ersetzen den klärenden und entschleunigenden Dialog zwischen zwei Freunden, die sich füreinander interessieren und sich gegenseitig hinterfragen. »Sauf nicht zu viel!« – Eine SMS zu Silvester. »Wünsche viele bunte Eier!« – Eine zu Ostern. Nicht personalisiert natürlich, damit man es gleich zeitsparend an zehn Nummern im Adressbuch schicken kann. Die neuen Kommunikationsformen verbessern und erweitern nicht die Kontaktmöglichkeiten, wie Studien uns glauben machen. Sie veröden und verflachen sie zugunsten höherer Quantität. Sie dämpfen nur das schlechte Gewissen, sich unter dem Termindruck nicht mehr wirklich mit anderen befassen zu können. Und dass es dem ehemaligen besten Freund nicht anders geht, benützen wir auch noch als Entschuldigung.

Laufen – laufen – laufen. Immer weiter, weil Stillstand heutzutage Misstand ist: unerträglich, bedauernswert und geradezu gefährlich. »Wachstum« und »Wettbewerb« lauten die Schlagwörter unserer Zeit. Also bloß nicht abspringen von der Rolle, nicht zu viel innehalten. Und wenn, dann nur, um zu sehen, wo die Konkurrenz gerade ist. Dann schnell zurück ins persönliche Hamsterrad und weiter hamstern. Da hat man bei all der verwirrenden Informationsflut wenigstens eine Richtung. Ein Ziel vor Augen, ohne es je wirklich zu erreichen. Bis zum Umfallen immer schön geradeaus, wie es die Gesellschaft vormacht, wie es *angebracht* scheint.

Glücklich ist man, wenn ... – Was bedeutet Glück wirklich für uns? Ich glaube, ich kann das seit letztem Sommer zumindest für mich beantworten: Glücklich bin ich, wenn ich an einem ruhigen Sommertag mit einem Stück Brot, etwas Speck, Käse und Wasser nach zweistündigem Aufstieg auf einem Grat im Windschatten eines Felsens oberhalb der Hochweide bei meinen Kühen sitze. Die Arnikablüten schaukeln im Wind. Ein Zitronenfalter tänzelt vorbei. Ein Adler lässt sich über dem Tal von der Strömung tragen. Ich sehe ihm zu, bis er nur noch ein kleiner Punkt über dem nächsten Bergrücken ist. Und dann – nein, nicht wegsehen, weil die Szene langweilig werden könnte. Nicht aufstehen, weil ich zurück zum Vieh, zur Hütte, zur Arbeit muss – aber eigentlich nur glaube, es zu müssen. Einfach den Adler weiter beobachten, ihm über jedwede Langeweile-Schmerzgrenze hinaus dabei zusehen, wie er wieder näher kommt, ganz knapp über den Kamm zieht, so dass man seine ausgebreiteten Flügel im Wind rauschen hören kann. Und wenn er weg ist ... einfach sitzen bleiben. Selbst ein kleines Stück Landschaft werden. Sich vorstellen, wie all das bei Schnee und Eis aussieht oder wenn der kleine Weltuntergang eines brüllenden Gewitters mitten im August binnen vier Minuten fünf Zentimeter hoch Hagelkörner aus gelb-schwarzem Himmel abwirft und wie sich die Wildnis in wenigen Wochen fast wie selbstverständlich von dieser Eispanzer-Attacke erholt. »Hast du nichts G'scheites zu tun? Schau doch mal, was die anderen alles in der Zeit, die du hier verhockst, schaffen?«, fragt die innere Stimme vorwurfsvoll. »Wer rastet, der rostet!«, tönt der Volksmund wie ein Echo aus der Ferne zurück. Ich greife zur Fernbedienung, drücke ungerührt auf »Ton aus« und werfe sie so weit ich kann über die Felsen ins Tal hinunter. Der vorwurfsvolle Zeitgeist ist verstummt. Kaltlächelnd ausgeknipst. Natürlich wird er wieder auftauchen. Aber jetzt, im Augenblick, ist er still. Das nenne ich Glück!

Aber Vorsicht: Auch Viehhüten heißt ja beileibe nicht Faulenzen! Es ist ein Irrtum, zu glauben, dass man automatisch zum ruhigeren, weniger gestressten Menschen wird, nur weil sich das Umfeld ändert. Wer sein Umfeld ändert, tut eigentlich nicht viel anderes als einer, der sich im Fasching schminkt und in eine andere Rolle schlüpft. Sein Äußeres mag ein anderes sein, sein Inneres nicht. Und wenn er sich nicht auch von innen ändert, wird er bald trotz Verkleidung, trotz neuen Umfelds feststellen müssen, dass er sich nicht von dem Wesen davor unterscheidet. Mit anderen Worten:

Auch Viehhüten auf der Alm ist harte Arbeit, und die Entscheidung, ob es eine stressige Tätigkeit ist, bei der man sich fremdbestimmt fühlt, bei der man wie bisher von einer lästigen Pflicht in die nächste hetzt, oder eine entspannende, läuternde und besinnliche Auszeit, die fällt man selbst – jeden Tag aufs Neue.

Was braucht es wirklich, um den Traum vom Ausstieg – zumindest einmal des Umstiegs auf Zeit – wahr werden zu lassen? Bleibt er wirklich nur jenen vorbehalten, die genug Geld, Glück und keine Verpflichtungen haben? Oder sind das nur Ausreden, weil man insgeheim lieber den bequemeren, breiteren (Leidens-)Weg des permanenten Wettbewerbs wählt und den Traum vom Loslösen wie eine Ikone im Herrgottswinkerl Wunschtraum bleiben lässt ...

Natürlich muss das jeder selbst für sich entscheiden. Sicher ist nur, dass es für jeden eine Tür zur Veränderung gibt. Und vermutlich würde es wirklich den meisten von uns genügen zu sehen, dass diese Tür offen steht – um gelegentlich einmal mit sehnsuchtsvollem Seufzer hindurchzuspähen.

Kleiner Hirtentipp aus der Almpraxis:

Wenn das, was man sich in seinen Träumen vorgenommen hat, einfach nicht gelingen will, dann sollte man diesen zu schwer gewordenen Gedanken den nächsten steilen Forstweg hinunterrasseln lassen. Dadurch wird man wieder empfänglich für Neues. Es finden sich andere Erlebnisse und Begegnungen, die man als Bereicherung empfindet. Und oft kommt dann ganz überraschend das Erhoffte – wie eine verloren geglaubte Kuh – von einer anderen Seite daher.

IV. Melken für Anfänger

Bauernregel:
»Hat der Melker keine Power,
wird die Milch im Euter sauer.«

Die Milchmädchenrechnung

»Euter«. Was für ein hässlicher Name für ein so wertvolles Ding. »Flacon«, »Kelch« oder »Amphore« wäre doch viel eleganter. Okay, es ist haarig und schwabbelt ein wenig, und was da unten in vierfacher Ausführung wegsteht, erinnert einfach – auch das muss einmal ausgesprochen werden – an ein Vierfach-»Zumpferl«, wie man bei uns in Ost-Österreich sagt. Das erklärt wohl dieses kindische Kichern, das junge Städterinnen bei ihren ersten Melkversuchen überkommt. Aber im Ernst: Dort befindet sich die Quelle jenes weißen Lebenselixiers, das uns durch unsere Kindheit begleitet hat. Und diese Erkenntnis ist ziemlich lange ziemlich faszinierend, wenn man einmal darüber nachdenkt. Dafür sollte man der Kuh mit Achtung begegnen. Und sie hat sich deshalb zumindest zum Aufwärmen ein sanftes, bewunderndes Streicheln verdient, bevor man loslegt.

Heute hat einer meiner Bauern meine Lebensabschnittsmilchkuh für die kommenden Monate vorbeigebracht. Jetzt steht sie da, meine Ringale, mitten im Stall und schaut sich unsicher um. – Ich dafür fühle mich schon unter den abschätzenden Blicken ihres Besitzers völlig überfordert, bevor ich auch nur eine Hand an ihr Euter gelegt habe. Wie bring ich jetzt dieses Riesenvieh an seinen Melkplatz, ohne dass es mich aufspießt, zur Stalltür hinaustritt oder einfach an der Hüttenwand plattmacht? Aber Ringale nimmt mir diese Hürde ab, als der Bauer etwas geschrotete Gerste in den Futtertrog streut und ihr ein Stück altes Brot verfüttert. Das muss ich mir merken. Richtig gierig ist sie auf diese Bestechungsversuche, die junge Dame. Ist wohl was G'scheites, Nahrhaftes im Vergleich zu Heu und Gras, von dem man als Kuh offenbar Unmengen in sich hineinschaufeln kann, ohne wirklich satt zu werden.

So, und jetzt muss sie nur noch brav an die Leine, damit mir die Gute nicht mitten unterm Melken aus Langeweile davonläuft. Die hierfür gedachte Kette ist auf der einen Seite fix am Trog befestigt und so kurz, dass ich Ringale in voller Reichweite ihrer Hörner von der Seite innig umarmen muss, um den Verschluss um ihren Hals zu bekommen. Ein verdammt mulmiges Gefühl ist das: Wenn sie nur das Geringste dagegen haben sollte, von mir ohne nähere Erklärung versklavt zu werden, braucht sie eigentlich nur den Kopf zu schütteln, und ich habe eine ihrer Stoßstangen im Auge oder zwischen den Rippen. Aber in diesem Punkt benimmt sich die Kuhdame wie eine echte Lady.

»Na, dann zeig amal, was du gelernt hast«, ruft Bauer Hermann, stemmt herausfordernd die Fäuste in die Hüften und grinst dabei übers ganze Gesicht. Augenblicke der Wahrheit: Hat das blasse Stadtei was drauf? Ist er dieser Aufgabe gewachsen?

Hier also, aus diesen vier Zitzen kommt in der Theorie die Milch für den Morgenkaffee und für das Müsli. Für den Topfenauflauf, die Joghurtterrine, Schlagobers, Rahm, Fruchtmolke und Almkäse. Aber wie? Ziehen, zupfen, zerren, drücken, drehen? Es ist genauso mühsam wie mit einem Blasmusikinstrument: Ein paar hörbare, aber unwürdige Töne quält der Anfänger schon irgendwie aus einer Trompete heraus. Aber eine Melodie, geschweige denn ein ganzes Platzkonzert wird deswegen noch lang nicht daraus. An die 300 bis 400 Mal muss jede der vier Zitzen in einer runden, aber doch ziemlich kraftvollen Bewegung bearbeitet werden, damit das Euter am Ende leer wird. Und das sollte es nachher unbedingt sein, wenn man nicht will, dass sich die Kuh eine Entzündung holt.

Ha! Die ersten Spritzer gelingen, der einführende Viehhüterkurs war also nicht für die Fische. Dann allerdings geht plötzlich nichts mehr weiter. Als ob Ringale keine Lust mehr hätte und mir heimlich ihren Milchhahn zugedreht hat. Kann eine Kuh das denn? Sie kann, sagt der Bauer. Schließlich bin ich hier im Stall nicht der Einzige, für den das alles neu und unangenehm ist. Ringale war bis jetzt nur die kalte Präzision einer Melkmaschine gewöhnt und keine zupfenden, zerrenden Menschenhände. Na großartig, denke ich – während der Bauer in Position geht, um ein Exempel zu statuieren und die Kuh von meinen Würgegriffen zu erlösen –, da haben sich dann ja die richtigen zwei gefunden. Vielleicht sollten Ringale und ich zum Aufwärmen lieber einen gemeinsamen Spaziergang machen, statt uns gegenseitig zu quälen ...

In scharfen gezielten Strahlen feuert Bauer Hermann wie aus zwei Spritzpistolen die Milch in den Blechkübel: Piff!

Paff! Piff! Paff! – Locker zwei Mal in der Sekunde. »Ich hab das auch schon seit dreißig Jahren nicht mehr gemacht«, ruft er entschuldigend über den Lärm nach hinten, »aber wenn man noch zwanzig andere Milchkühe im Stall stehen hat, dann muss das mindestens so schnell gehen.« Und ich denke mir mit schreckgeweiteten Augen: Das schaff ich nie im Leben. Schon gar nicht drei Monate lang, nicht einmal eine Woche und sicher nicht zwei Mal am Tag. Nichts wie zurück zur Milch aus dem Packerl!

Aber dann überleg ich es mir doch anders. Grund ist allen Ernstes der Geschmack von Ringales frischer Milch. Ausdrücklich hatte man mich davor gewarnt, weil so eine frische Milch für einen Stadtmenschen wie mich, der nur pasteurisierte Papppackerln gewöhnt ist, ganz eigenartig schmecken würde. Aber das Gegenteil ist (zumindest bei mir) der Fall: Die Milch ist so gut, dass ich mir nur schwer vorstellen kann, in diesem Umfeld darauf zu verzichten, auch wenn das täglich zweimal Schwerstarbeit bedeutet.

Da sitz ich nun also von allen guten Melkern verlassen am nächsten Morgen auf meinem windschiefen, uralten Hütten-Melkschemel, auf dem schon Generationen von Kärntner Almprofis fröstelnd und schlaftrunken gekauert haben müssen. Für mein Empfinden viel zu nah an Ringale, nämlich fast unter diesem riesigen Fellberg von einer Kuh, die nicht ruhig stehen will, permanent die Heckpeitsche schwingt und mehr als genug Kraft hat, mich und meinen Kübel quer durch den Stall zu befördern, wenn ich mich zu blöd anstelle. Holt sie etwa gerade aus, um mich zu treten? Nein, doch nicht. Nur ein Standbeinwechsel.

Die Nacht über habe ich schlecht geschlafen, von einer im

Stehen schnarchenden Riesenkuh mit gigantischen Füßen, winzigem Euter, angespitzten Hörnern und einem zusätzlichen Nashorn geträumt, die ich melken muss, ohne dass sie aufwacht. Was natürlich in einem Alptraum nie und nimmer klappen kann.

Ein Liedchen trällern (»Ich will einen Cowboy als Mann« oder so) hilft vielleicht gegen die Agonie. Seltsam eigentlich, dass ich noch nie von einem Melklied gehört habe. Oder einfach von einem Lied, in dem eine schöne Kuh besungen wird. Aber ich gehörte wohl bis jetzt auch nie wirklich zur Zielgruppe. Man kann der Kuh bestimmt auch zur Ablenkung eine Geschichte erzählen – vielleicht von Schneewittchen und den sieben Kühen oder Kuhkäppchen und dem bösen Schäferhund. Scheinen gute Zuhörer zu sein, die Damen. Nur der Melker selbst läuft zu dieser finsteren Tageszeit Gefahr wieder einzuschlafen ...

Von draußen tönt ein gellender Pfiff: Durch die offene Stalltür erkenne ich auf der Wiese eine Murmeltier-Band in Lederhosen, die die Heidi-Melodie im Kanon pfeift. Davor tauchen jetzt drei vollbusige Zöpfchenblondinen im Dirndl auf. Sie jodeln und tanzen barfuß Cancan ...

Als Ringale mir auf den Fuß tritt, hat mich die schmerzhafte Realität wieder:

Absolute Schwerstarbeit ist das. Wirklich zum Mäusemelken mühsam: Zwischen meinen Knien klemmt noch immer dieser archaische Blecheimer, der einfach nicht voll werden will und immer wegrutscht. Die Waden tun mir weh, weil ich auf Zehenspitzen versuche, Ringales Klauen zu entgehen, der Melkschemel entwischt zum dritten Mal unter meinem Hintern. Großartig! Und jetzt bin ich auch noch beim selben

Problem von gestern angelangt: Ich bringe aus den hinteren beiden Zitzen keinen Tropfen Milch raus. Ringale blockiert.

Ha, denkt der Laie: Dann melk ich eben nur die leicht zu erreichenden vorderen Zitzen. Da wird die restliche Milch von hinten schon nachsickern. Aber das geht bestenfalls als lustige Milchmädchenrechnung durch, zumal da keine Kuh der Welt mitspielt. Denn im Melkkurs sollte man gelernt haben: Die vier Kammern über den Zitzen haben leider keine Verbindung – auch wenn's noch so sehr danach aussieht. Es nützt also nichts, besonders sorgfältig vorne links zugange zu sein, wenn man hinten rechts nichts weiter bringt. Also ordentlich zugepackt! Zwei Strahlen auf die Hose, einer in den Gummistiefel – beim kleinen Männergeschäft ist das Zielen definitiv leichter –, und nach kürzester Zeit sind außerdem sämtliche Finger taub, die Unterarme verkrampft und die Schultern steif.

Irgendwann nach 20 Minuten ist Ringas Geduld am Ende, und ich habe gerade erst ihre vorderen Zitzen ausgemolken, weil sie ständig ihr linkes Knie nach vorne schiebt. Ich bin verzweifelt: Ringale will nicht mehr, wandert mit dem Hintern nach links und rechts, so dass ich mit dem Melkkübel zwischen den Knien vor ihren Füßen davonhüpfen muss. Nicht einmal Viehsalz kann sie länger als zehn Sekunden ruhigstellen.

Kuhmelken ist in der Praxis auch Multitasking vom Feinsten, ähnlich wie Auto fahren: schalten, bremsen, kuppeln, auf Fußgänger achten, lenken, schminken, telefonieren. Beim Melken sind die drohenden Gefahren aber irgendwie unmittelbarer: Beim Säubern, Wischen, Zupfen, Zerren, Drücken darf der halbvolle Melkeimer nicht zwischen den Knien durchrutschen. Aber gleichzeitig bloß nicht die tellergroßen Kuhklauen aus den Augen lassen! Denn an manchen Tagen steppt die gute Muh, als ob sie bei einer TV-Tanzshow teilnehmen würde und vor Sendungsbeginn noch den verflixten Kuhwalzer üben muss. Außerdem immens wichtig: Beide Hände am Euter, aber den Blick immer wieder über das Fell vor der eigenen Nasenspitze schweifen lassen, um mittels Früherkennung heimtückische Kamikazefliegen zu enttarnen. Denn, setzt an den Flanken einer dieser Luftpiraten zum Entern an, heißt es schnell und kräftig pusten. Sonst kommt reflexartig der Kuhschweif als Fliegenklatsche von rechts gedonnert. Und dann kann man nur noch hurtig nach unten in Deckung gehen. Das gilt besonders, wenn es draußen auf der Weide gerade geregnet hat oder die Dame nach zu viel Viehsalz oder Sauerampfer flüssigen Stuhlgang hatte ...

Unvorstellbar, dass all das früher auch ohne Melkmaschinen gegangen sein soll. Die Leute müssen Kraft zum Bäumeausreißen und Reflexe wie Murmeltiere gehabt haben. Aber wenn wir ehrlich sind, kann sich ja unsereiner schon das beschwerliche, harte Leben ohne Mobiltelefon heute nicht mehr vorstellen.

Und dann ist da noch die Sache mit dem Milchgeschirr und den Bakterien: Wenn im Kaffeehaferl nach dem Abwaschen noch ein Rest Morgenkaffee übrig bleibt, dann ist das zwar nicht schön, aber auch nicht besonders schlimm. Beim Milchgeschirr kann eine solche kleine Schlampigkeit aber die ganze, mühsam gemolkene Milch versauen und damit den ganzen Käse, den man vielleicht daraus machen will. Unter Milchgeschirr versteht man den Kübel, in den man die Milch hineinmelkt. Dazu gehört aber auch noch ein großer

Blechtrichter mit drei Sieben, zwischen die bei jedem Melken ein frischer Spezialfilter gelegt wird, und natürlich die Milchkanne, in die das Ergebnis dann gefüllt wird. All das muss direkt nach dem Melken mit heißem Wasser (Holzhacken fürs Feuer nicht vergessen!) sauber geschrubbt werden. Und zwar *ohne* irgendwelche Reinigungsmittel, die dann Rückstände hinterlassen, die wiederum in der nächsten Milch landen. Blitzblank. Jedes Mal. Sonst kann man die Milch gleich den Schweinen geben. Und dafür hat schon allein die Kuh zu viel Arbeit investiert.

Kleiner Hirtentipp aus der Almpraxis:

Beim Melken sehr empfehlenswert: warme Finger. Nein, nicht weil die Rinder-Weibchen sonst bei der ersten Berührung tussihaft kreischend an die Decke springen, sondern weil sich die Zitzen unter Kälteeinfluss zusammenziehen und dann nicht nur die Atmosphäre im Stall ein wenig steif wird. Ist ja bei den Menschen-Weibchen auch nicht anders. Auch das musste einmal ausgesprochen werden ...

Kleine Melkanleitung (ohne Erfolgsgarantie):

Es schaut zwar blöd aus, aber es lohnt sich, die Melkbewegung vorher mit einem aufgeblasenen (später mit Wasser gefüllten) Gummihandschuh zu üben.

1. Mit Daumen und Zeigefinger die Zitze so weit wie möglich oben abklemmen (ruhig relativ fest zupacken, der Kuh tut das nicht weh).
2. An der Zitze leicht anziehen (mit einem fließenden Übergang zu 3).
3. Mit den restlichen drei Fingern von oben nach unten kräftig zudrücken, ohne den Griff von Daumen und Zeigefinger zu lösen. Hier machen die meisten Anfänger die entscheidenden Koordinationsfehler. Wenn man es richtig macht, drückt man so die Milch in der Zitze nach unten und hinaus.
4. Den Griff lösen, damit die Milch von oben wieder in die Zitze schießen kann, und die Prozedur zirca 300 Mal wiederholen (natürlich an allen vier Zitzen).

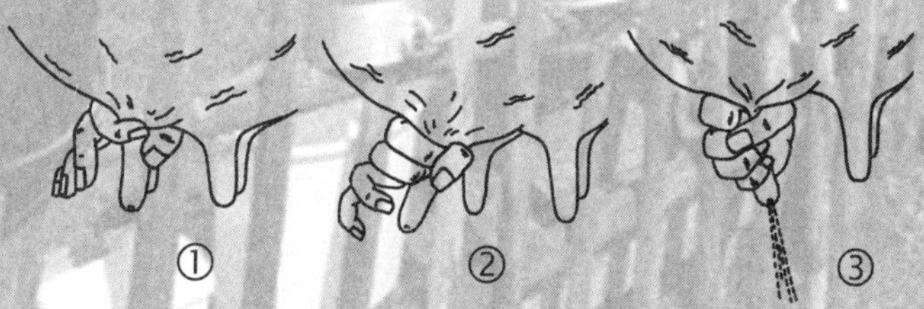

Alternativ dazu (meine Methode) kann man aber auch:

1. Die Zitze mit dem Zeigefinger gegen den Daumenballen abdrücken.
2. An der Zitze leicht anziehen (mit fließendem Übergang zu 3).
3. Dann die restlichen Finger nacheinander kraftvoll zu einer »flachen« Faust schließen.

Meine Methode erfordert möglicherweise mehr Kraft in den Fingern, aber sie fällt mir vom Bewegungsablauf her einfach leichter, und ich habe festgestellt, dass ich auf diese Weise die Zitzen noch gründlicher ausmelken kann als die meisten Bauernprofis, mit deren Handmelktechnik ich vergleichen konnte.

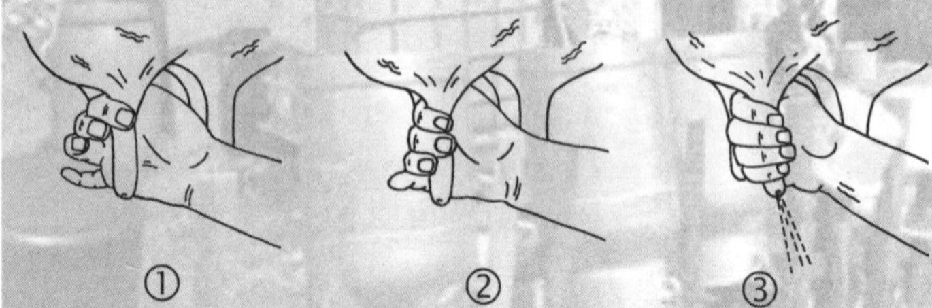

V. Almkochen für Stadtmenschen

Bauernregel:
»Isst der Hirte zu viel Speck,
geht der Bierbauch nicht mehr weg.«

Tischlein, deck dich!

Eine der größten Hürden für eingefleischte Stadtmenschen, die allein einen Sommer auf der Alm verbringen wollen, ist der fast völlige Absturz in die kulinarischen Abgründe des 19. Jahrhunderts: keine Mikrowelle, kein Mixer, kein Kühlschrank, kein McDonald's in der Nähe für den schnellen Burger zwischen Schweinefüttern und Viehsuchen. Außerdem muss vor dem Kochen auch noch Holz gehackt und der Gusseisenherd angefeuert werden, was bei Niederdruck-Wetterlage oft mühsam ist.

Als direkte Folge nimmt der viehhütende Stadtmensch in seinen ersten zwei Wochen auf der Alm gleich einmal fünf Kilo ab – was ihm allerdings in den meisten Fällen ohnehin nicht sonderlich schadet. Wer erst ans Kochen denkt, wenn der Hunger Löcher in die Magenwände nagt, hat beim Arbeitspensum einer Alm ein gravierendes Problem. Da kann es schon passieren, dass man quasi auf dem Zahnfleisch mit den Holzscheiten zwischen den Zähnen zum kalten Ofen kriecht (der dann wegen Niederdruckwetter und Unerfahrenheit des Pyrotechnikers nicht will), trockene Spaghetti-Nudeln den Mäusen gleich wie Knabbergebäck verknuspert und der Speck für die Eierspeis nach dem Schneiden nicht mehr den Weg in die Pfanne, sondern gleich in den Magen findet.

Auch ich habe leider das Problem mit dem Kochen in meiner ansonsten eher sorgfältigen Almplanung völlig übersehen. Daheim besteht mein Frühstück meistens aus einem großen Milchkaffee mit Zucker, das Mittagessen findet mit drei Menüs zur Wahl in 20 Minuten in unserer hervorragenden Firmenkantine statt, das Abendessen entweder in einem Lokal mit Freunden, an meinem Lieblingswürstelstand, in Form von »Knusprige Ente à la Alutasse« vom Eck-Chinesen oder einer schlichten Butterbrot-Wurst-Käse-Jause daheim. Dass das auf der Alm so nicht funktionieren kann, fällt mir erst jetzt, nach ein paar Tagen, auf. Ich habe sichtlich begonnen abzunehmen, und die noch vor wenigen Tagen mit Heißhunger verschlungene Almjause mit Räucherspeck vom Bauern sowie Brot und Käse wird auch schon langsam eintönig. Abwechslung muss her! Und unbedingt auch eine Möglichkeit, mehr Kalorien zuzuführen, schließlich bewertet der Kreislauf statisches Computertipseln anders, als tägliche, mehrstündige Expeditionen in dünner Luft und steilem Gelände. Es ist, als ob mein sparsamer, nicht gerade vor Kraft strotzender Großstadt-Magermotor quasi über Nacht durch eine Treibstoff verschlingende Fünf-Liter-Hochleistungsmaschine ersetzt worden wäre.

Zum bisherigen leichten Kaffeefrühstück gibt's jetzt also eine große Schüssel Cornflakes oder Müsli mit selbstgesammelten Him-, Brom- oder Heidelbeeren von meinen Kuhfahndungsstreifzügen im Wald. Außerdem kann ich so die hervorragende Milch besser würdigen, die Ringale mir jeden Tag schenkt. Für mein Mittagessen decke ich mich fürs Erste – unromantisch aber dafür wirkungsvoll – bei meinem nächsten Einkauf im Tal mit Fertignudelgerichten ein. Die sind schnell gemacht, können mit frischem Gemüse oder Speck aufgewertet werden und sind vor allem haltbar. Und abends wird es entweder doch die klassische Almjause, Eierspeis mit großartigen, frischen Kräutern von der Weide (mit denen mich einheimische Wanderer bekannt gemacht haben) oder ein üppiger, mit Speck, Käse und Eiern aufgeputzter Salat, bestückt mit selbstgezogenen Tomaten aus dem Alm-Gärtlein neben der Hütte. Und wenn ich an die Stein- und Herrenpilze denke, die mir meine Almmeister aus dem Dorf für den Herbst in den Wäldern um die Hütte versprochen haben, läuft mir jetzt schon das Wasser im Mund zusammen, und das Paniermehl habe ich schon bei meiner letzten Reise ins Tal gekauft.

Zusammenfassend lässt sich sagen: Die Wandlung vom Stadtmenschen zum exquisiten Profi-Viehhirten kennt – je nach Ausgangsposition und Entwicklungsfähigkeit – vier Evolutionsstufen:

Stufe 1: Das selbstgeschmierte Butterbrot, die selbstgeöffnete Fischkonserve und das selbstgekochte Fertignudelgericht. Nicht lachen! Verblüffend viele Stadtmenschen beziehen ihr täglich Brot ausschließlich via Kantine, Kellner oder Kebabstand.

Stufe 2: Die erste Almpfanne. Dazu muss man Kartoffeln schälen können, Eier aufschlagen lernen, ohne dass die Schale in der Pfanne landet, Speck schneiden, ohne dass die Finger den gleichen Weg gehen, und – ja, das Butterbrot beherrschen wir schon einigermaßen. Und natürlich gehört zu Stufe 2 auch der erste Kaiserschmarrn, der ähnlich viel Aufwand ist wie die Almpfanne (nur ohne das gefährliche Speckschneiden) und mit etwas mehr Geschick das Zeug zum Palatschinken hätte. Zum Trinken gibt's Holunderblütensaft. Selbstgemacht, mit selbstgepflückten Hollerblüten, Zitronenscheiben, Wasser und Zucker.

Stufe 3: Hier steigen wir bereits in die höheren und höchsten Weihen (3+) der Almküche empor. Man erreicht sie als Anfänger nur nach vielen Fehlversuchen, von denen eventuell vorhandene Almschweine in höchstem Maße profitieren (siehe Kapitel X »Grunzgeschichten und Ferkelfabeln«), und wenn einem der eintönige Verzehr von Almpfanne, Butterbrot, Kaiserschmarrn und Fertignudeln mit Käsesoße auf die Nerven geht. Je nach Phlegma treten erste unterbewusste Ansätze von Stufe 3 nach 5 bis 25 Tagen auf. Hat man Stufe 3 erreicht, wird man leider auch von vorbeischauenden Bäuerinnen mit einsamen Töchtern sofort als ehetauglich sondiert, weshalb man die Erfolge besser für sich behält. Auf dem Speiseplan von Stufe-3-Hirten stehen unter anderem: selbstgemachte Butter auf selbstgemachtem Kürbiskern-Vollkorn-Brot, selbstgemachter Kochkäse und »Glundner« – später auch Hart- und Schnittkäse mit selbstgezogenen, getrockneten Kräutern verfeinert, selbstgemachte Topfenknödel mit selbstgesammelten Heidelbeeren, selbstgemachter Milchzopf mit Mandelsplittern. Im Herbst dann panierte, selbstgesammelte Steinpilze mit selbstgemachter Schnittlauch-Knoblauch-Joghurt-Soße. Und wenn man's wirklich auf die Spitze treiben will, dann ist auch das Joghurt selbstangesetzt. Aber das Allerbeste ist: Man spart sich dann auch all die E120- E451- und E-wie-ekelhaft-Zusätze, so dass die Geschmackszellen der Zunge durch das Fehlen der neutralisierenden Glutamat-Flächenbomben auch wieder so etwas wie Sensibilität entwickeln. Und auf einmal weiß man wieder den aus 300 Aromen bestehenden, wirklich sehr raffinierten Geschmack einer klitzekleinen, reifen Walderdbeere zu schätzen.

Stufe 4: Almkochen wird zur kreativen Kunstform erhoben: Zusätzlich zu Stufe 3 garniert man den Salat mit selbstgezogenen Radieschen-Mäusen. Wie man die bastelt (mit einem scharfen Messer und zwei Gewürznelken), lernt man übrigens auch im guten Almhüterkurs. Zudem sammelt man auf der Wiese Blumen, deren Blüten essbar sind, und setzt sie farblich passend ein: Löwenzahnblütenblätter schmecken leicht süßlich, Veilchen ebenfalls. Auch Gänseblümchenblüten, Schnittlauchblüten oder Ringelblumenblüten müssen nicht nur Kuhmägen erfreuen.

Einzige, unter daheimgebliebenen Stammtischbrüdern verständliche Entschuldigung für diese Anfälle von perfektem Hausmann: Der Weg, zum nächsten Supermarkt, um Brot oder gefrorene Marillenknödel zu kaufen, ist einfach viel zu weit und ließe sich nur dann rechtfertigen, wenn er mit dem Weg ins Stammlokal zu kombinieren wäre. Aber das ist leider noch viel weiter weg.

Kleiner Hirtentipp aus der Almpraxis:

Hervorragender Ersatz für die fehlende Mikrowelle ist ein immer auf dem Holzofen stehender, großer Topf mit heißem Wasser. Darin lässt sich dann bei Bedarf im Handumdrehen Kaffee aufwärmen, ein Ei kochen oder ein paar Kartoffeln als schnelle Wegzehrung zum Vieh auf der Hochalm garen. Wenn's ganz schnell gehen muss, funktioniert all das sogar gleichzeitig, während man in Wirklichkeit gerade das Käsetuch auskocht.

Almrezepte

Holunderblütensirup

Das Holunderblüten-Sirup-Rezept in meinem persönlichen, handgeschriebenen Kochbüchlein liest sich so: »4 W (H! → K!) + 24 HB + 4 Zit → 24 h → 4 Z + 8 dag. ZS.« Nachdem das außer mir niemand entziffern können wird, hier die Auflösung:

Man nehme vier Liter Wasser und bringe sie zum Kochen, dann lasse man das Wasser abkühlen und füge 24 Holunderblüten (gemeint sind die ganzen Dolden) sowie vier aufgeschnittene Zitronen hinzu. Das Ganze in zugedecktem Zustand einen Tag lang stehenlassen. Dann nehme man ein Sieb und seihe die Zitronen und die Holunderblüten ab. Hiernach füge man noch ca. acht Dekagramm Zitronensäure hinzu sowie vier (ja, vier!) Kilo Zucker. Diese muss man langsam einrühren, was durchaus eine halbe bis eine Stunde dauern kann. Man wird weder vorher noch nachher so richtig glauben können, dass sich da jetzt tatsächlich diese vier Pakete Zucker drinnen aufgelöst haben. Wenn dies dann aber doch wie durch ein Wunder passiert ist, ist der Sirup fertig, wird in Flaschen abgefüllt und kann nach Belieben mit frischem Brunnenwasser oder prickelndem Mineralwasser aufgegossen werden. Wirklich gut ist auch Sekt mit einem Schuss Hollerblütensirup zum Empfang feiner Gäste. Das nennt sich dann Almsekt.

Friss-oder-stirb-Kaiserschmarrn

Das meiner Meinung nach beste Schnellessen, wenn man mal wieder ganz vergessen hat, auf den knurrenden Magen zu achten, und einem schon die Hände zittern: Man nehme drei Achtel Liter frischer, selbstgemolkener Kuhmilch, vier Eier von glücklichen Hühnern aus dem Dorf, 250 Gramm Mehl vom lächelnden Kaufmann im Tal und verrühre das Ganze zu einem (eher flüssigen) Teig. Ich persönlich mag weder knirschenden Zucker auf dem Kaiserschmarrn noch Staubzucker, deshalb tue ich den Zucker je nach Geschmack auch gleich in den Teig (am besten den Teig kosten – nicht aufessen! –, bis es passt). Das Ganze lässt man dann in der Pfanne (mit etwas aufgelöster Butter drunter) ziemlich lange braten. Speziell auf dem Holzofen kann das eine ganze Weile dauern. Am besten so lange warten, bis der Rand und Teile der Teigscheibe schon fest werden. Und dann beginnt das kaiserliche Massaker: Mit dem Löffel alles in kleine Häppchen zerteilen und darauf achten, dass sie möglichst überall ein bisschen braun werden und nicht nur gelb bleiben. Dazu öffnet man sich ganz schnell eine Dose Pfirsiche, Ananas oder Sauerkirschen und ist in null Komma nix wieder einsatzbereit zum Kuhringen und Bäumeausreißen. Warum dieser Schmarrn nach dem Kaiser benannt ist? Vermutlich weil er zu faul war, um sich mundgerechte Häppchen von den Palatschinken (Eierkuchen) zu portionieren.

Almstädter Gourmet-Eierspeis

Eierspeis (etwas abfällig im norddeutschen Sprachraum auch »Rührei« genannt) koche ich gerne (auch auf der Alm) wie die Fernsehköche: Alles vorgeputzt, vorgeschnitten und vorgehackt in Schälchen vorbereitet oder auf dem Holzbrett in grünen, roten und weißen Straßen getrennt aufgelegt, dann – wenn die Pfanne heiß ist und etwas zerlassene Butter darin zu brutzeln beginnt – alles elegant und schnell hintereinander mit der Gelassenheit und dem Auge des Profis zusammenkomponiert. Vorbereitet werden fünf oder sechs selbstgezogene Kirschtomaten (vierteln reicht), ein Streifen ganz klein und würfelig geschnittener Speck, gehackter Schnittlauch (wenn nicht vorhanden stattdessen eine halbe Zwiebel) sowie ebenfalls frisch und gehackt: Rosmarin und Thymian aus dem Kräutergarten (oder Quendel – wilder Thymian – von der Almwiese), außerdem grobzerrissene Basilikumblätter: Zuerst die kleinen Speckwürfel leicht glasig anbraten, dann die gehackten Zwiebeln hinzu. Sehr schnell danach folgen dann die Eier, damit die Zwiebeln ja nicht bräunlich werden, dann nach etwas Rühren Schnittlauch, Rosmarin, Thymian, schwarzer Pfeffer und eine Fingerspitze Salz. Erst etwa eine Minute vor dem Servieren gebe ich die Basilikumblätter dazu, weil diese sich schnell dunkel verfärben. Mein Lieblingsserviervorschlag: Eine Scheibe frisches Bauernbrot auf einem Holzbrett mit etwas selbstgemachter Butter bestreichen, darauf die Eierspeis und vielleicht zwei junge Löwenzahnblätter mit einer essbaren Blüte für die Optik. Das Ganze (wenn vorhanden) mit Messer und Gabel verputzen.

Stadthüter Holzofenbrot

Wenn man schon selber Brot bäckt, dann kann man auch gleich alle Register ziehen. Wer nicht sowieso gleich auf Dinkelmehl umsteigt, dem könnte Folgendes schmecken: 250 Gramm Vollkornweizenmehl, 200 Gramm Roggenmehl, 50 Gramm normales Weizenmehl mit einem Päckchen Trockenhefe (9 bis 10 Gramm), einem gehäuften Teelöffel Salz, einer Handvoll Fenchel- und Aniskörner und einem Viertel Liter Wasser mit der Hand zumindest eine gute Viertelstunde lang zu einem Teig verkneten. Bei Bedarf etwas mehr Wasser hinzu oder noch etwas Weizenmehl (damit's nicht zu sehr bröselt bzw. an den Fingern klebt). Die Schüssel mit dem Teig zudecken und an einem warmen Ort in nächster Nähe zum Ofen ein Abendessen lang ziehen lassen. Vor dem Verdauungsschnaps (wenn der Teig schön aufgegangen ist, sonst erst nachher) noch einmal fünf Minuten lang durchkneten und dabei jeweils eine Handvoll Kürbis- und Sonnenblumenkerne dazumischen. Dann den Teig in Form bringen (evtl. mit einem Messer an der Oberseite zwei- oder dreimal einritzen und ein paar Kürbiskerne hineinstecken), auf Backpapier auf ein Backblech legen und das Ganze noch einmal mindestens eine halbe Stunde lang ziehen lassen (Zeit genug für das Kuhmelken und den Abwasch). In der Zwischenzeit sollte natürlich der Holzofen auf Hochtouren gebracht werden. Wenn der Teig startklar aussieht, das Blech in den Ofen schieben und es nach jeweils zehn Minuten umdrehen (weil der Holzofen nie gleichmäßig heizt). Fertig ist das Werk, wenn die Kruste schon ziemlich dunkel aussieht, aber noch nicht verbrannt ist (klingt beim Klopfen hohl). Vor lauter Gier (z.B. beim Kürbiskerne-Rauspicken) sollte man jetzt nicht vergessen, dass das Backblech sauheiß ist. Das Brot an einem vor Mäusen sicheren Ort (zum Beispiel auf einem umgedrehten, mindestens 25 Zentimeter hohen Email-Topf) auskühlen lassen und mit selbstgemachter Butter und Käse genießen.

VI. Das rastlose Rind

Bauernregel:
»Steht der Vollmond hoch am Himmel,
geht's erst los, das Kuh-Gebimmel«

Illegale Auswanderer

Als sich nach ein paar Wochen Viecherei sogar schon die scheue Murmeltier-Familie mit ihren drei putzigen Jungen an mich gewöhnt hatte, dachte ich wirklich, ich hätte jetzt alles einmal erlebt, und es würde sich langsam so etwas wie Routine breitmachen. Na ja, aber eben nur langsam: Gestern hat mich am Nachmittag die sogenannte »Burschenschaft« aus dem Dorf mit drei Kisten Bier überfallen. Überraschend, aber nett: Die Hälfte der »Burschen« sind Mädchen. Aber das tut der Zielstrebigkeit ihrer Mission, nämlich den neuen Viehhüter so richtig kennenzulernen, keinen Abbruch. Zu siebzehnt saßen wir bis spät in der Nacht in der winzigen Kuchl meiner Hütte. Obwohl ich heute sehr genau weiß, woher das Kopfweh kommt, ist mir dafür schleierhaft, wie man nur derart viele dreckige Witze und schmuddelige Lieder kennen kann.

Aber dafür kann ich jetzt endlich ausruhen, endlich ein bisschen zurücklehnen und auf dem Grashalm pfeifen, wie sich das alle daheim so schön vorstellen. – Und dann verschwinden fünf von meinen 78 Kühen spurlos und tauchen auch nach vollen drei Tagen nicht wieder auf.

Am Anfang kommt man sich neurotisch vor, meldet zwar den peinlichen Schwund brav an einen der beiden für solche Fälle zuständigen Almmeister der Dorfgemeinschaft, aber nachdem der auch nur »Aha« macht, denkt man sich nichts dabei – bzw. versucht, sich möglichst nichts dabei zu denken. Schließlich kann man ja nicht aus seiner Haut, ist verantwortungsbewusst erzogen worden und in dieser neuen Rolle alles andere als kühl, kuhl oder kalm.

Eine Freundin daheim in der Großstadt witzelt am Handy, die Damen wären bestimmt über den karnischen Höhenweg nach Italien spaziert. Auf einen Caffé Latte, in die Italo-Disco oder vielleicht Schuhe kaufen nach Tarvis. Und der Althirte aus dem Dorf, der auf ein Schnäpschen vorbeikommt, erklärt in breitem Kärntnerisch, es wäre früher, als er noch ein Junger war, schon ab und an vorgekommen, dass die lieben Nachbarn vierbeinige illegale Grenzgänger einfach einkassiert und als die Ihren markiert hätten.

In der Nacht darauf bekomme ich Alp-Träume: Die italienische Rindermafia hat meine fünf Schützlinge mit Heupizza und gutgesalzenen Vollkornspaghetti über die Grenze gelockt und hopsgenommen. Man hat sie skrupellos von Fleckvieh auf Braunvieh umgespritzt, ihnen andere Hörner angeschraubt, die Kuhglocken am Schwarzmarkt in Bozen verschachert, gestohlene italienische Kennzeichen in den Ohrläppchen montiert und die Tiere nach Sizilien verschoben.

Am dritten Morgen schickt das Dorf dann endlich einen kleinen Suchtrupp los, mit dem ich auf Südtiroler Seite der Bergkette nach Spuren Ausschau halten soll. Die Stunden vergehen. Nach den üblen Träumen der Vornacht mustere ich natürlich jede Kuh, die uns jenseits der Grenze über den Weg läuft, argwöhnisch, um trotz des fremden Äußeren eventuell einen vertrauten Gang oder ein vertrautes Muhen wiederzuerkennen. Aber unserer Rückholaktion ist kein Erfolg beschieden. Müde, hungrig und frustriert kehre ich kurz vor Einbruch der Dunkelheit auf die heimischen Wiesen zurück und habe doch tagsüber zumindest einiges gelernt: Ich konnte feststellen, dass man italienische Touristen schon zwei Hügelketten weit an ihrer Lautstärke erkennt, dass sie sich dann oft akustisch nicht sehr von den am Gegenhang grasenden Schafen unterscheiden und dass die Schwarzbeeren drüben viel kleiner und saurer sind als bei uns.

Als ich an meiner Herde vorbei zurück zur Hütte marschiere, beginne ich mehr aus Gewohnheit als aus echtem Bedürfnis zu zählen und komme völlig verblüfft auf meine 78 Stück! Ein Freudentänzchen ist fällig (ja, so muss Schuhplatteln entstanden sein), gefolgt von meinem ersten, als solchem erkennbaren Jodler.

An meiner Reaktion gemessen ist mir jetzt klar, dass mir meine Kühe fast wie Kinder ans Herz gewachsen sind. Ich kann ihnen einfach nicht richtig böse sein, so sehr freue ich mich, dass sie wieder heimgekehrt sind – woher auch immer, diese Mistviecher!

Aus dieser und anderen Geschichten lerne ich: Wann eine Kuhherde zufrieden in ihren Weidegründen schlummert und wiederkäut und wann sie lieber abenteuerliche Kletterpartien auf sich nimmt, um an ein paar Büschelchen Almkraut vom Feinsten heranzukommen, ist eine Wissenschaft für sich. Der Vollmond spielt dabei eine nicht unwichtige Rolle. Nicht weil

Rinder irgendwie esoterisch angehaucht sind oder sich an alte Bauernregeln halten würden (aber wer weiß das schon so genau). Der Vollmond leuchtet bloß oben am Berg so hell, dass man sich auf der Almweide wie im Rampenlicht fühlt. Für die Kühe bedeutet das absolute Partytime: endlich keine lästigen Fliegen und Bremsen mehr und auch keine drückende Hitze! Nichts als kühle Stille und saftiges, womöglich auch noch taubedecktes Gras. Ehrlich, wer kann da schon einem ausgiebigen Mitternachtssnack widerstehen?

So kommt es, dass der Hirte abends seine Herde bei Sonnenuntergang in einem beschaulichen Talkessel verlässt, die Damen gemütlich wiederkäuend daliegen und nicht im Geringsten den Eindruck machen, als könnte sich daran in den nächsten zwölf Stunden irgendetwas ändern. Und wenn er dann am nächsten Morgen wieder zurückkehrt, ist die komplette Bande spurlos verschwunden. Wobei spurlos zum Glück nicht ganz stimmt: Zum einen gibt es diese untrüglichen »Maulwurfshügel« in regelmäßigen Abständen – wirklich schlaue Kühe unterdrücken allerdings vermutlich den Verdauungsdrang, solange sie auf der Flucht sind –, zum anderen wird selbst das struppigste Dickicht, durch das im Gänsemarsch 40 Kühe spaziert sind, zum befestigten Wanderweg.

Wenn man sich dann das große Winnetou-Spurenleseabzeichen für Anfänger verdient hat und die wiedergefundene Truppe schuldbewusst vor einem die vorverdauten Grasbüschel von der einen Backentasche in die andere schiebt, beginnt das übliche Sherlock-Holmes-Spiel des Erziehungsberechtigten: Denn wie bei Teenagern, die eine Nacht durchgemacht haben, gibt es für Eltern – pardon Viehhirten – mit

Spürsinn deutliche Zeichen, wo genau sich die Raveparty abgespielt hat. Und vor allem, wer an vorderster Front mitgemischt hat und wer nur einfach nicht allein auf der großen dunklen Weide zurückbleiben wollte: Kletten im Schweifhaar – aha, sie waren im Wald am Rand der Selbstmordschlucht. Kniehohe Gatsch-Strümpfe – aha, diesmal die Sumpfwiese unten am Wildererbach. Leichte oberflächliche Verletzungen bei den Anführerkühen im Oberschenkelbereich – oha, da ist jetzt irgendwo der Viehzaun offen. Da muss die Lust auf frisches Gras schon groß gewesen sein, und die Herde will weiter. Aber grundsätzlich gilt dieselbe Grundlogik wie bei unbeaufsichtigt spielenden Kindern: je dreckiger, desto schuldiger!

Kleiner Hirtentipp aus der Almpraxis:

Vorsicht, Kühe lernen nicht nur voneinander ziemlich schnell. Schummle dich niemals unter einem E-Zaun hindurch, wenn dir eine Kuh dabei zusieht, selbst wenn sie noch so desinteressiert ins »Narrenkastl« zu starren scheint. Sie macht dir die Übung eine halbe Stunde später ganz sicher nach.

Exkurs

Konversationslexikon für Hirt' und Kuh

Neben meinen 76 Jung- und werdenden Mutterkühen (bei denen es nichts zu melken gibt) hat mir das Dorf vertraglich »eine Milchkuh für den Eigenbedarf« zur Verfügung gestellt, die Ringale heißt. Außerdem eine Begleit- und Anstandskuh, damit es meiner Ringale so ganz allein um die Hütte nicht fad wird und sie sich nicht in angeödeter Verzweiflung zu den anderen Kühen davonpirscht. Raina, die Anstandskuh, hält nicht viel von zu viel frischer Almluft. Bei jeder Gelegenheit, ganz besonders bei Sonnenschein, liegt sie wiederkäuend im Hüttenstall, den ich lieber nur zum Melken nützen würde, weil eine stundenlang an derselben Stelle faulenzende Kuh gehörig Mist macht. Und die beiden Damen stubenrein zu kriegen, ist eine Illusion, die mir nur ganz zu Beginn durch den Kopf gegeistert ist. Also muss irgendjemand den Mist jedes Mal wegräumen. Meine erste erzieherische Maßnahme: Ich verbiete Raina (und in ihrem Gefolge auch Ringale) das Liegen im Stall tagsüber. Nach dem Melken (Raina – in anderen Umständen – darf nur zuschauen, bekommt aber auch ein paar leckere Büschel Heu) werden die beiden vor die Tür gesetzt und der Frischluftverweigerung wird ein Riegel vorgeschoben. Schließlich wohnen ja auch meine anderen 76 Jungkühe problemlos bei jedem Wetter draußen. Aber ich habe die Rechnung eindeutig ohne die Kuh gemacht: Keine zehn Minuten vergehen, da ist Raina schon wieder im Stall. Diesmal durch die Hintertür, die ich eigentlich offen stehen habe, damit die zwei Schweinchen bei Hausarrest etwas mehr Licht bekommen.

Ich ein paar alte Bretter geholt und sie quer in den Türstock geklemmt. Raina wieder im Stall. Ich Bretter diesmal in den Türstock genagelt. Raina hebelt sie geschickt mit ihren langen Hörnern wieder aus der Verankerung. Erst mit viel Aufwand und langen, stabilen Schrauben hält die Konstruktion Rainas List und Urkraft stand. Ein kleiner Triumph, der aber nicht lange währt. Denn Raina stellt jetzt auf psychologische Kriegsführung um: Immer, wenn es in den nächsten Tagen besonders warm ist, steht Raina vor dem Stall und muht. Unaufhörlich, nervenzerrüttend, herzerweichend – Letzteres vor allem, wenn ich Besuch habe. Raina weiß ganz genau, dass ich sie verstehe: Die Fliegen und bissigen Bremsen sind lästig, und im Stall würde sie vor ihnen einigermaßen Ruhe haben.

Eines Tages beißen sich zwei extrem fette Bremsen genau an ihrem toten Punkt im Genick fest, wo sie weder mit der Zunge noch mit dem Schweif hinkommt (siehe Grafik). Ich habe ein Einsehen: Die Bremsen hinterlassen beim Draufschlagen einen großen, blutigen Fleck. Ich sprühe Raina in den nächsten Tagen zur Ungeziefer-Abschreckung etwas Autan rund um die schon ziemlich in Mitleidenschaft gezogene Stelle und lasse sie schweren Herzens in den Stall.

Jetzt muss ich zwar jeden Tag zwei- bis dreimal Scheiße schaufeln. Aber Raina revanchiert sich im Laufe des Som-

Landekarte für Fliegen

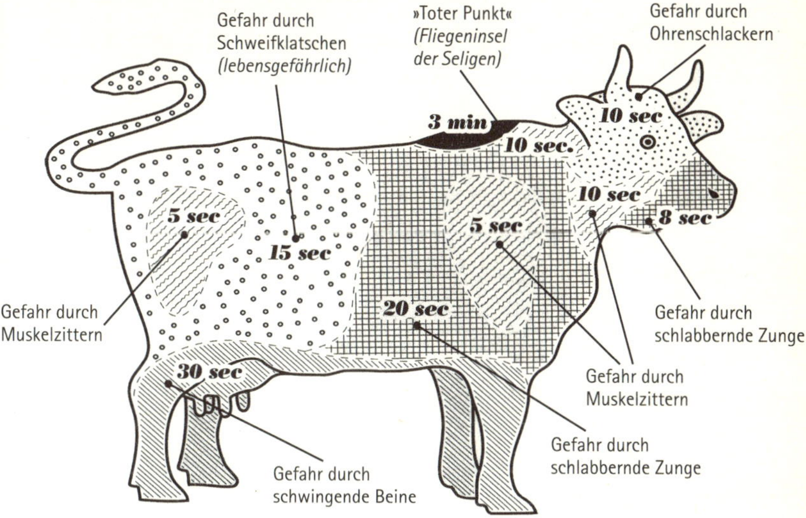

mers auf vielerlei Arten für mein Entgegenkommen. Eine der großartigsten dieser Gesten ist, dass sie (und in ihrem Gefolge meine etwas unselbständige Milchkuh) fast jeden Morgen von ihren nächtlichen Wanderungen auf Zurufen aus dem Wald in den Stall getrabt kommt. Eine echte Wohltat bei Nebel und bei Regen und eine Zeitersparnis obendrein.

Seit diesem Moment spreche ich mit meinen beiden Hauskühen wie mit Mitbewohnern, fest davon überzeugt, dass sich durch meinen Kuhhandel eine Verbindung zwischen Raina und mir aufgetan hat und dass sie mich versteht – auch wenn sie dann trotzdem nicht immer folgt.

Jeder Hundebesitzer kennt das: Ein treuherziger Blick, ein gezieltes Winseln (vom Hund, nicht vom Herrl), und man weiß auf magische Weise genau, was das Schoßtier will. Kühe dürfen nicht auf den Schoß, und sie können auch nicht winseln. Es würde den wenigsten Menschen auffallen, weil sie nie in die Situation kommen, aber auch Kühe haben eine für den umsichtigen Viehhirten und regelmäßigen Weidebesucher gut lesbare Körpersprache. Und vieles in der durchaus komplexen Beziehung zwischen Hirt' und Kuh spielt sich ähnlich ab wie das Verkaufsgespräch mit einer konsumfreudigen Russin im Schuhgeschäft: Wenn man annähernd weiß, worum es gehen könnte, muss man nicht dieselbe Sprache sprechen, um sich zu verstehen.

Im Folgenden ein paar Auszüge aus meinem bei Almgästen sehr beliebten Rindisch-Sprachkurs:

Rindisch	Deutsch
Kuh nickt heftig mit dem Kopf	»Nein« oder »Ich mag dich nicht« oder »Komm mir bloß nicht zu nahe« oder alles drei zusammen
Kuh schleckt den Besucher mit der Zunge ab	»Oh, bist du schön salzig« oder »Super schmeckt das, aber du solltest dich mal waschen« oder »Für ein komplettes Peeling will ich drei Büschel frisches Heu«
Kuh muht einmal laut	»Hier bin ich« oder »Ah, da seid ihr ja, Mädels« oder »Ich komme« oder alles drei zusammen

Kuh muht mehrmals hintereinander herzzerreißend	»Wo ist mein Kälbchen?« oder »Hilfe, wo ist denn plötzlich meine Herde hin?« oder »Blöder Viehhüter, ich steh hier seit dem Frühstück am Melkplatz festgebunden, und du hast mich einfach vergessen!«
Kuh haut dem Viehhüter von hinten die Stirn ins Kreuz	»Rück schon rüber mit dem Salz, Kleiner. Und sei ausnahmsweise mal froh, dass ich keine Hörner habe«
Kuh liegt mit seitlich heraushängender Zunge wie tot auf der Wiese und springt dann unvermutet auf	»Schaut er her? Schaut er her? Ätsch, hab nur so getan«

Umgekehrt verstehen auch viele Kühe die Sprache des Viehhirten ganz gut:

Deutsch	Rindisch
Viehhüter ruft der Herde eine wiedererkennbare Melodie zu	»Mädels, kommt mit, es geht auf eine bessere Weide« oder »Mädels, jetzt gibt's leckeres Salz« oder »Mädels, ich tu nur so, wie wenn es jetzt Salz gäbe, aber ich will euch eigentlich nur zählen«

Viehhüter schimpft, tobt und rennt auf und ab	»Trampel, warum brauchst du immer eine Extra-Einladung« oder »Ihr Rindviecher, warum geht ihr nicht endlich zurück auf eure Weide« oder »Blöde Kuh, den Salat in meinem Almhütten-Vorgarten hab ich sicher nicht für dich angebaut«
Viehhüter nähert sich mit erhobenem Stock	»Achtung, die Damen. Jetzt kommt der Kleine wieder mit seiner autoritären Erziehung«
Viehhüter bellt wie ein Hirtenhund	»Seht ihr, Mädels, deswegen lassen wir diese seltsamen Pilze am Waldrand aus«
Viehhüter lässt im Stall aus Versehen die Tür zum Futterspeicher offen	»Haut rein, Mädels! In zwei Minuten müssen die Leckereien verputzt und wir eine Wolke sein, sonst kommt er wieder mit seiner autoritären Erziehung daher«
Viehhüter stapft zu seiner Herde mit einem Kübel Lecksalz, um sie auf die nächste Weide zu locken	»Schaut mal, Kinder, plumpe Anmache. Jetzt versucht er's mal wieder antiautoritär«

VII. So ein Käse!

Bauernregel:

»Schmeckt der Käs nach Kirschkonfekt,
ist das Käs-Rezept suspekt.«

Iiiiih, verschimmelte Milch!

Käse, das weiß jedes Kind, das Michael Endes »Jim Knopf«-Abenteuer in China gelesen hat, wird völlig absurderweise aus »verschimmelter« (eigentlich geronnener) Milch hergestellt. Nur wie genau? Da kommen die allermeisten Erwachsenen beim Erklären genauso schnell ins Stocken wie bei der Frage nach den Details der Flucht von Hänsel und Gretel aus dem Knusper-Hexenhaus: Beides ist klassische Allgemeinbildung für Günther Jauchs oder Armin Assingers Millionenquiz. Und wenn der Kandidat dann unsicher zu grübeln beginnt, schütteln im einen Fall die Eltern märchenverwöhnter Kinder peinlich berührt den Kopf, im anderen die versammelte Bauernschaft, die fassungslos vor dieser oder einer ähnlich lächerlichen »Depperlfrage« um unglaubliche 100 000 Euro sitzt:

Um aus Milch Käse herzustellen wird die Milch im Allgemeinen

a) mit etwas Bier oder Zitronensaft zum Gerinnen gebracht

b) mit beigefügten Käseraspeln bis zum Koagulieren verrührt
c) mittels Extrakt aus dem Magen eines Kalbes gestockt oder
d) bei 50 Grad zugedeckt stehengelassen, bis sie fest wird?

Natürlich hat man einen Verdacht. Aber ehrlich, würden Sie 100 000 Euro auf ihren Tipp verwetten? Die Lösung ist c) und hat bei meiner Rückkehr von der Alm unter schlechtaufgeklärten Großstadt-Vegetariern Entsetzen ausgelöst. »Was?! Für ein Stück Käse muss so ein süßes Kälbchen sterben?« Die Antwort ist tatsächlich »Ja«, denn auch Kälber sind Käsefans und wurden von der Natur so ausgestattet, dass sie ihn quasi selber im Magen machen können.

Bei allen »konventionellen« Hart- und Schnittkäsen, ob nun »Bio« draufsteht oder nicht, ist Lab-Extrakt dabei. Und das ist so, seit die Menschheit Gefallen an diesem oft so herrlich »stinkenden«, aromatischen Milchprodukt gefunden hat. Klar gibt es inzwischen Ersatz dafür. Man kann etwas Käseähnliches heute auch ganz vegan aus Tofu herstellen. Aber, ob man ihm dann noch den Namen »Käse« geben sollte? Oder man nimmt künstlich im Labor hergestellte mikrobielle Gerinnungsenzyme, die den Zweck des Lab-Extrakts erfüllen. Aber dann stellt sich neben der Frage: »Was ist mir persönlich lieber?« auch noch jene, was davon natürlicher oder gar »biologischer« ist.

Was mich betrifft: Ich bin kein Vegetarier, setze mich trotzdem, wo immer es geht, gegen die oft schon völlig selbstverständliche Tierquälerei bei sogenannten Nutztieren ein. Ich glaube aber, dass mich der liebe Gott wohl als Schaf oder als

Kaninchen auf die Welt geschickt hätte, wenn ich mich nur von Grünzeug ernähren sollte. Meinen Almkäse habe ich also auf normale Art – mit Lab – hergestellt, das man, zumindest in Österreich, in jedem Lagerhaus bekommt.

Heute Vormittag ist jedenfalls wieder einmal Käsen angesagt. Schließlich sollte das ja irgendwann auch bei mir klappen, ohne dass meine in solchen Dingen in der Regel deutlich geschicktere Freundin bei ihren Besuchen Regie führt. Ich bin von Natur aus kein Hausmann, nicht einmal ein guter Hobbykoch. Aber wenn man dafür ein guter Esser ist, der nächste ordentlich sortierte Supermarkt fast eine Stunde Anreise entfernt liegt, man also zwei Stunden unterwegs ist, jedes Mal, wenn man Lust auf frischen Käse, Butter oder Joghurt hat, dann beginnt man anders zu denken. Die Ruhe ist mir beim Viehhüten heilig, da grübele ich nicht mehr lange darüber nach, was mir lieber ist: den Käse aus dem Tal zu holen und dafür viele Stunden zu opfern oder ihn – wenn auch mühevoll – einfach selber zu machen.

Solange wird das Vieh oben am Berg heute also einfach auf seine Salzration warten müssen. Stolze 18 Liter habe ich meiner Ringale in drei Melksessions entlockt. Zweigt man die Milch für mein Kraftfrühstück und den Almkaffee ab, bleiben noch gute 16 für einen dicken, runden Schnittkäse. Die Finger tun mir inzwischen schon jeden Morgen vor dem Melken weh. Und es wird langsam ein wenig bedenklich. Wenn ich nachts aufwache, ist oft die gesamte linke Hand steif und taub. Und ich weiß wirklich nicht, ob ich diese Melkerei zweimal täglich bis zum Ende der Saison durchhalte. Schließlich will ich meine Hände ja später auch noch zu irgendetwas anderem gebrauchen können.

Das Problem hätte ich angeblich nicht, verrät mir Almmeister Christof, wenn ich vor dem Sommer die Finger trainiert hätte wie ein Profisportler vor dem Wettkampf: »Da gibt es eigene Fingerhanteln, die du ganz einfach unterwegs in der Straßenbahn benützen kannst oder daheim beim Lesen und Fernsehen.« Man öffnet und schließt dabei hundert Mal die Hände, und ein halbes Dutzend kleiner Stahlfedern stemmt sich jedes Mal dagegen. »Daran werdet ihr sie erkennen«, stelle ich mir grinsend vor, »die aus der City rekrutierten Viehhüter der kommenden Saison. Laufen durch die Großstadtdschungel dieser Welt mit Fingerhanteln und walkenden Händen und nicken sich ebenso verschwörerisch zu wie die zukünftigen Marathonläufer beim Joggen auf der Wiener Donauinsel zwei Wochen vor dem großen Start.«

Großartig. Die erste Charge Milch von gestern, die ich verwenden wollte, ist gleich einmal sauer. Das kommt eben davon, wenn man auf der Alm keinen Kühlschrank hat, sondern nur eine schattige Speisekammer auf der Hüttennordseite. Aber andererseits: Es gibt ja auch Sauermilchkäse, und vielleicht wird das Endergebnis dadurch nur würziger ...

... Mal sehen, was das Kochbuch sagt: Milch auf 32 Grad erwärmen, dann vom Feuer nehmen und warm halten, während das verdünnte, eingetropfte Lab seine Wirkung tut und sie zum Gerinnen bringt. Danach die geronnene Milch vorsichtig mit einem langen Messer in Würfel schneiden und langsam verquirlen. Schließlich wird das Ganze bei zirca 50 Grad »gebrannt«. Unglaublich! Wer das wohl alles ausgetüftelt hat?

Nach dem Brennen kommt der Topf vom Feuer. Jetzt sanft rühren und immer wieder die Qualität der weißen Bröckchen testen. Quietscht eine Kostprobe schon ein bisschen zwischen den Zähnen, sind sie angeblich »reif«. Jetzt vorsichtig den Bruch und die Molke in das Netz geschüttet, das über dem zweiten, leeren Topf hängt. Bei mir geht an dieser Stelle regelmäßig die Hälfte der brandheißen Molke daneben. Oder das Netz haut ab. Oder der Topf wird zu heiß. Oder alles gleichzeitig.

Aaaaaaargh!!! Am liebsten würde ich diese verdammte Käsesoße laut schreiend in den Wald schleudern! Es ist nur niemand da, den mein Wutausbruch beeindrucken könnte. Also kann ich's auch gleich lassen. Ich habe den Käse gepresst wie eine fette Riesenbriefmarke, mich am Ende sogar draufgekniet, damit ja alle Molke herausrinnt, und dann, beim Wenden und Herausnehmen aus dem Käsetuch, bleibt die Hälfte der Masse an den Textilfasern kleben! (Später erfahre ich, dass es nützlich ist, das Tuch vorher heiß zu kochen und in feuchtem Zustand zu verwenden.) Während ich fieberhaft versuche, die festhängenden weißen Klümpchen einzeln mit den Fingern herauszuzupfen, geht mir die restliche Käsemasse auf dem Holzbrett daneben auseinander wie ein hemmungsloser Germteig.

Einfach großartig! In die vorbereitete Holzform bringe ich den jetzt nicht mehr, ohne dass er hässliche, tiefe Falten bekommt, in denen sich nachher, beim Reifen nach dem Salzbad, ungestraft der Schimmel ausbreiten kann. Aber es gibt jetzt kein Zurück mehr! Den Käse in die runde Holzform gestopft, einen vollen Wasserkübel darauf, weil der genau die richtige Größe hat, und auf den Wasserkübel noch einen großen Eisen-Kochtopf mit einem schweren Stein gestellt. Das sollte die Presse ersetzen, mit der Profis die Restmolke aus dem Käseteig drücken.

Ich kehre dem hinterhältigen Ding zwei Minuten lang den Rücken, um die verbleibende Molke in den Kübel für die Schweine zu füllen, da macht es einen Riesenkracher, und ich stehe mit nassen Füßen in der überschwemmten Küche. Eine Seite des Käses hat ein paar Millimeter nachgegeben, weil das Gewicht meiner Presskonstruktion nicht völlig gleichmäßig verteilt war. Der Kochtopf ist abgerutscht, obwohl ich ihn zwischen Wand und Tisch fixiert hatte, und der Wasserkübel ist gleich mit gekippt. Ich bin zu wütend, um zu schreien.

Aber immerhin habe ich schon bei meinen Kühen gelernt, dass alles auch sein Gutes hat. Wenn ich im Wald stundenlang ein paar ausgebrochene Rindviecher suchen muss, finde ich meistens andere Hirtenschätze: Schwarzbeeren, Pilze, eine lustig geformte Wurzel, ein Stück von einem Hirschgeweih. Und so ist auch diesem Käse-Chaos etwas abzugewinnen: Die Generalreinigung des Küchenbodens war längst fällig. Und wenn aus meinem Faltenkäse-Monster doch irgendetwas Verwertbares werden sollte, dann kann ich es vielleicht als neue Bio-Edelalmsorte patentieren lassen.

Käsen ist (vor allem zu Beginn), wie man sieht, nicht nur eine elendige Kleckserei und ein gutes Stück Glückssache, sondern sollte eigentlich als erster Abschnitt für ein Biochemie-Studium angerechnet werden. So präzise müssen manche Mengenangaben und Temperatursprünge eingehalten werden, so kompliziert ist das, was da mit dem Milcheiweiß und seinen unzähligen Bestandteilen passiert. Es gibt hundert Dinge, die man falsch oder zumindest anders machen kann, was dem Käse die Bandbreite von staubig-saurem Berg-Parmesan bis hin zum fast geschmacksneutralen gummihaften Hügelholländer eröffnet. Nimm zum Käsen noch die nicht mehr ganz frische Rohmilch von vorgestern dazu, und der Käse wird anders. Nimm den Milchkessel vor dem Einlaben nicht bei 31 Grad, sondern (weil du gerade dem Jäger ein Bier bringen musst) bei 33 Grad vom Feuer, und der Käse wird anders. Säurewecker: Ja oder nein? – Verändert auf alle Fälle den Geschmack. Die Käsemasse »waschen«, indem man vor dem endgültigen Hocherhitzen (»Brennen«) auf 50 Grad etwas von der Molke durch Wasser ersetzt: macht den Käse milder. Wie lange soll der fertige Laib nach dem Pressen in die Salzlake? Darf diese so konzentriert sein, dass der Käse darin schwimmt? Oder soll man den Käse lieber stattdessen nur mit Salz einreiben? Wie oft, damit er nicht austrocknet oder versalzen schmeckt? Wie lange wird er gepresst, wie kühl (ohne Kühlschrank!) gelagert, wie oft gewendet und geputzt?

Ehrlich: Obwohl in all meinen Käsen die handgemolkene Milch von ein und derselben Kuh war (quasi ein »Single-Malt-Käse«), die auf der gleichen großen Wiese mit der gleichbleibenden Vorliebe für Rotklee und abgemähte, trockene Ampferblätter ihre Mahlzeiten zu sich nahm, schmeckte jeder meiner inzwischen 15 selbstgemachten Käse eindeutig anders.

Aber viele von ihnen sind – mit Verlaub gesagt – so richtig gut geworden.

Kleiner Hirtentipp aus der Almpraxis:

Käsen ist eine mühsame Arbeit, aber eine der befriedigendsten Dinge, die man sich vorstellen kann, wenn es dann endlich klappt. Und die Mühe lohnt. Ich meine: Wer kann schon als Sommersouvenir einen Käse vorweisen, der nicht nur hand- und selbstgemacht ist, sondern für den auch die Milch (womöglich von einer einzigen Kuh »sortenrein«) mit eigenen schmerzenden zehn Fingern gemolken wurde?

Rezept für Kräuterkäse nach Tobi-Art

Den hab ich mich erst nach circa 15 »normalen« Käsen getraut, von denen einige schiefgegangen sind und andere hervorragend gelangen. Dieser hier war – unter uns gesagt – großartig im Geschmack.

1. Man sammle eine Handvoll Kräuter aus dem Kräutergarten (wie groß die Handvoll ist, hängt vor allem von der Milchmenge ab, die nicht unter zehn Liter liegen sollte). Am besten eignen sich meiner Meinung nach Rosmarin, Thymian und etwas Oregano oder Basilikum. Schnittlauch sollte wohl nur separat in einen Käse, alles andere fällt für mich eher in die Kategorie »geschmacklich abenteuerlich«. Die Kräuter sollten kleinstgehackt zumindest 48 Stunden lang trocknen (sonst schimmelt's womöglich nachher im Käse).

2. Die am besten noch frische Rohmilch (besser nicht älter als 24 bis 48 Stunden und gut gekühlt aufbewahrt) in einen riesigen Topf schütten, auf 32 Grad anwärmen und etwa eine Stunde lang mit einem Handtuch zugedeckt vorsäuern. Dafür gibt es eigene »Säurewecker« in Pulverform, die man im Fachhandel kaufen kann. Es geht aber auch »ehrlicher« mit einem Liter älterer, saurer Milch.

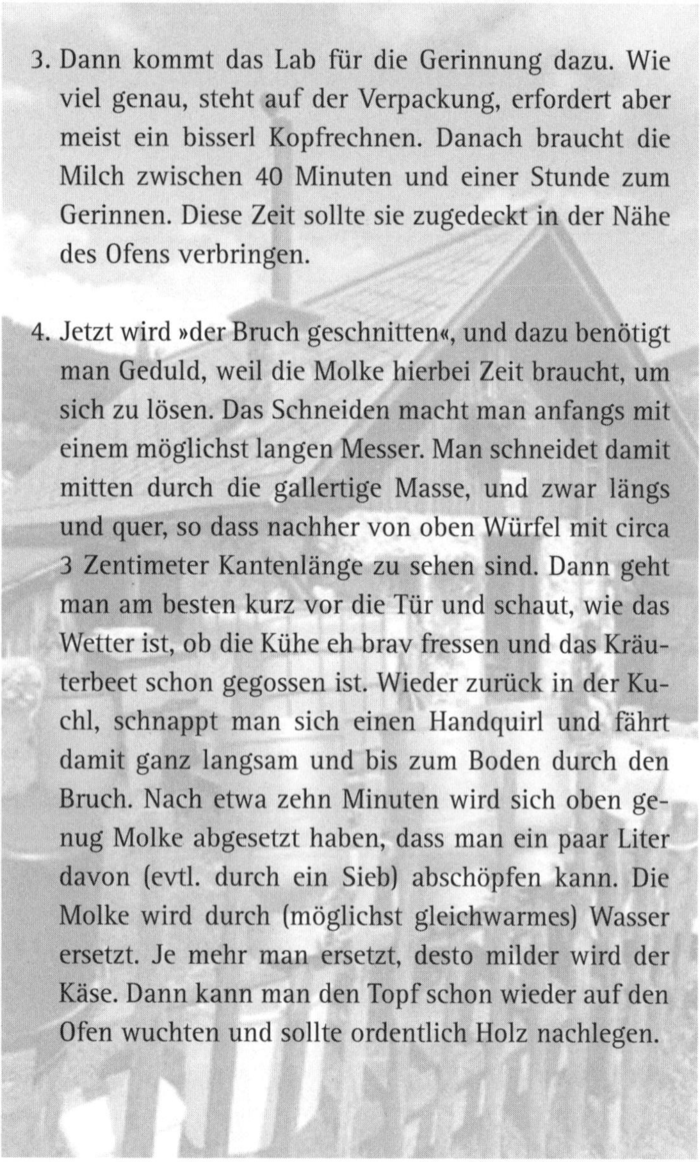

3. Dann kommt das Lab für die Gerinnung dazu. Wie viel genau, steht auf der Verpackung, erfordert aber meist ein bisserl Kopfrechnen. Danach braucht die Milch zwischen 40 Minuten und einer Stunde zum Gerinnen. Diese Zeit sollte sie zugedeckt in der Nähe des Ofens verbringen.

4. Jetzt wird »der Bruch geschnitten«, und dazu benötigt man Geduld, weil die Molke hierbei Zeit braucht, um sich zu lösen. Das Schneiden macht man anfangs mit einem möglichst langen Messer. Man schneidet damit mitten durch die gallertige Masse, und zwar längs und quer, so dass nachher von oben Würfel mit circa 3 Zentimeter Kantenlänge zu sehen sind. Dann geht man am besten kurz vor die Tür und schaut, wie das Wetter ist, ob die Kühe eh brav fressen und das Kräuterbeet schon gegossen ist. Wieder zurück in der Kuchl, schnappt man sich einen Handquirl und fährt damit ganz langsam und bis zum Boden durch den Bruch. Nach etwa zehn Minuten wird sich oben genug Molke abgesetzt haben, dass man ein paar Liter davon (evtl. durch ein Sieb) abschöpfen kann. Die Molke wird durch (möglichst gleichwarmes) Wasser ersetzt. Je mehr man ersetzt, desto milder wird der Käse. Dann kann man den Topf schon wieder auf den Ofen wuchten und sollte ordentlich Holz nachlegen.

5. Denn jetzt wird »gebrannt«, also der Bruch und die Molke unter regelmäßigem Rühren und Quirlen auf 52 Grad erhitzt. Das dauert eine gute halbe Stunde, wenn man mit dem Ofen ordentlich Feuer unterm Topfhintern macht. Beim Verquirlen ist darauf zu achten, dass die »Körner« (die weißen, glibberigen Käsemassestückchen) nicht zu sehr zusammenkleben und (für einen ordentlichen Schnittkäse) zirca Erbsen- bis Bohnengröße erreichen.

6. Dann kommt der Topf wieder vom Ofen. Der Bruch wird »gewaschen«, was bedeutet, dass man noch einmal ca. zehn Prozent gleichwarmes Wasser beigeben kann (aber nicht muss). Jetzt heißt es wieder: Geduld haben. Unter ständigem sanftem Rühren sollte man immer wieder eine kleine Kostprobe von der Käsemasse nehmen. Erst wenn sie beim Draufbeißen quietscht (ein bisschen so wie Gummi), geht es weiter. Das kann sofort der Fall sein, aber auch bis zu einer halben Stunde dauern. Wer diese Regel missachtet, hat mit Käse zu rechnen, der am Käsetuch verklebt.

7. Molke abschöpfen (am besten durch ein Sieb, damit nichts von der schwer erarbeiteten Käsemasse verlorengeht), und die festen Bestandteile ins Käsetuch (gibt's auch im Fachhandel) schütten. Dann wird der Käse im Tuch mit beiden Händen vorgepresst. Ab hier scheiden sich die Käsemacher-Geister. Ich kann nur

sagen, wie ich es (mit Erfolg) mache, andere werden bei meiner Methode wohl entsetzt sein.

8. Der Käse kommt in seine Form – ein Reifen mit Löchern auf der Seite – damit die restliche Molke abfließen kann. Dann lege ich einen möglichst genau passenden Holzteller darauf, gehe damit ins Freie zum Jausentisch (um die Panscherei in Grenzen zu halten) und beginne mit flachen Händen und immer mehr Gewicht den Käse von oben zu pressen. Am Ende knie ich mich sogar vorsichtig mit einem Bein auf den Holzteller und nütze das Körpergewicht aus. Wenn nur noch wenig Molke abfließt (nach ein paar Minuten), nehme ich den Käse vorsichtig aus dem Tuch und wende ihn mit Hilfe des Holztellers, so dass die Oberseite jetzt nach unten kommt. Die Pressprozedur wird wiederholt.

9. Jetzt kommt der Käse noch für 24 Stunden in eine Dauerpresse (bei mir ein Kübel mit Wasser, darauf ein gusseiserner, schwerer Kochtopf und darin ein schwerer Stein), was ihn schön kompakt macht und seine Form perfektioniert. Bei Halbzeit steht noch einmal das oben beschriebene Wenden an. Fertig.

10. Doch nicht ganz. Nach dem Pressen kommt der Käse noch einmal 24 Stunden in ein Gemisch aus Molke, Wasser und so viel Salz, dass der Käse darin

schwimmt. Bei Halbzeit wieder wenden, nach der Frist herausnehmen, abtrocknen und kühl an der Luft lagern. Jetzt wäre eigentlich nur noch warten angesagt, bis der Käse (nach mindestens vier Wochen) gereift ist. Wäre da nicht noch 11.

11. Der Käse setzt trotz täglichen Wendens auf seinem Holzbrett so etwas wie leichten Schimmel an, der nach ein paar Tagen mit einer Bürste und lauwarmen (am besten leicht gesalzenem) Wasser entfernt werden sollte. Dabei ist wichtig, dass man den Schimmel auch in kleinen Ritzen erwischt, aber möglichst die sich natürlich bildende Rinde dabei nicht verletzt. Die Kunst besteht bei etwas Übung dann wirklich darin, bei der gesamten Press-Wende-Käsetuchwickel-Prozedur erst gar keine schwierig zu putzenden Ritzen oder Risse entstehen zu lassen. Dies ist mindestens eben so wichtig wie der eigentliche Herstellungsprozess.

Jetzt ist der Käse aber wirklich fertig. Man kann ihn gleich essen, räuchern, einfrieren, vakuumverpackt kühl lagern, mit einer vor dem Austrocknen schützenden Wachsschicht überziehen oder noch ein paar Wochen bis Monate reifen lassen. Wobei man natürlich regelmäßig mit der Bürste nachputzen sollte. Verdammt viel Arbeit mit einem sehr edlen Produkt als Endergebnis – wenn's klappt ...

VIII. Die Angst des Hirten vor dem Stromschlag

Bauernregel:

»Wird die Kuh vom Blitz getroffen,
hilft kein Flehen und kein Hoffen.«

Gut geblufft, schlecht gepokert

»Jaja« habe ich immer gesagt, wenn mir irgendjemand haarsträubende Geschichten von Blitzgewittern auf Berghütten erzählt hat. Als jetzt mein allererster Weltuntergang direkt über der Hütte niedergeht – mit orkanartigem Sturmwind und backerbsengroßen Hagelkörnern –, bin ich tief beeindruckt: Das Ächzen des Hüttenholzes wird übertönt vom Heulen des Windes und dem bedrohlich lauten Rauschen der Fichten, die sich wie Schilfhalme biegen. Dann dreht Zeus die göttliche Lichtorgel auf: Geblendet stehe ich in der Hüttentür, und nach einem Knall, der sich anhört, als hätte jemand den Berg gesprengt, bin ich einen Augenblick lang taub. Das Echo rumpelt wie eine riesige Bowlingkugel durchs Tal. Alle zwei bis drei Sekunden wird die gesamte Weide von einem kurzen Doppelblitz überbelichtet und in Schwarz-Weiß auf meine Netzhaut gebrannt, die Regentropfen als unzählbare Lichtpunkte für einen kurzen Moment in der Luft eingefroren. Thriller-Fernsehen vom Feinsten! Wenn ich mich in meiner Blitzableiterhütte schon fürchte, obwohl ich mir die Sache wenigstens physikalisch so halbwegs erklären kann, wie muss es dann meinen armen Kühen gehen, die ja wegen der zu guten Erdung ihrer vier Beine tatsächlich in erhöhter Todesgefahr schweben?

Sehr viel ungefährlicher sind da die kleinen Stromschläge, die man sich beim elektrischen Weidezaun einfangen kann. Ach, was haben wir gelacht als Kinder auf dem Schulwandertag! Wenn Frau Professor während der Mittagsrast ein kleines Schläfchen machte und die (damals noch blöden) Mädchen mit Gummiseilhüpfen und Zöpfeflechten (wir sagten »Entlausen« dazu) beschäftigt waren, dann waren wir Burschen in unserem Element: »Martin, gib mir mal die Hand, ich will dir was Lustiges zeigen. Und nimm Georg und Michi doch gleich mit.« Wir stehen peinlich händchenhaltend am stromführenden Weidezaun (dass er auch wirklich Strom hat, habe ich vorher heimlich ausprobiert). Aber dann: Ich greife mit der freien Hand auf den Metalldraht. Wir stehen ungerührt zwei Sekunden lang da, plötzlich springt ganz hinten mein Kumpel Michi mit einem Schrei weg. Er lässt dabei Georgs Hand los, der erst schallend lacht und dann plötzlich auch erschrocken aufschreit. Eigentlich Physik für Anfänger, aber immer wieder lustig: Der kleine Stromstoß geht durch alle Händchenhalter folgenfrei hindurch, nur beim letzten entfaltet er seine Wirkung. Wenn der von der Kette abreißt, ist natürlich beim zweiten Mal der Vordermann dran.

Auch gegenüber meinem Bruder hab ich meinen zugegeben etwas sadomasochistischen Anwandlungen (vermutlich wegen tödlicher Langeweile) nachgegeben und gern auf den Draht gegriffen und versucht, meinen Bruder damit hereinzulegen: »Greif ruhig drauf, Stefan. Ist eh wieder mal nicht geladen, sind ja auch keine Kühe zu sehen – ja, bis auf die eine kleine da. Traust dich nicht …?« Dass ich in der Zwischenzeit mindestens drei oder vier Schläge bekam, die ich für meinen persönlichen Spaß kaltlächelnd mit Pokerface unterdrücken musste, störte mich in Anbetracht der erhofften Schadenfreude (fast) nicht.

Und so habe ich auch hier oben auf der Alm meinen (un-)redlichen Spaß mit meinen beiden Almmeistern Hans und Christof, die mir beim Zäunesetzen gelegentlich behilflich sind, wenn ich das Gelände noch nicht gut genug kenne. Hans ist ein zäher Hund, ihm sind die Stromschläge ähnlich egal wie mir (vielleicht hat er aber auch nur sehr trockene Hände). Vermutlich schon deshalb, weil Freund Christof – der im wirklichen Leben auch noch TV-Elektriker ist – so sensibel reagiert:

»Christof, glaub's mir. Das Band ist einfach zu alt. Und wenn ich schon nichts mehr spür, dann spüren die Kühe erst recht nichts. Greif amal drauf.«

»Ein so ein Gschistigschasti! Glaubst i bin ganz deppert?!«

»Nein, wirklich. Wir brauchen eine neue Spule. Die hier ist schon zu oft geflickt worden. Schau: Ich greif drauf, und es rührt sich nix. Probier's selbst.«

»Hmmm, könntest recht haben, der Zaun schaut wirklich schon sehr aAAAAH!!!«

Wenn man im Zusammenhang mit Viehhüten von elektrischen Zäunen hört, dann klingt das für den Laien immer ein wenig nach Tierquälerei. Und auch die Eckzahlen wirken durchaus martialisch: Rund 2000 bis 10 000 Volt Spannung! – Allerdings bei einer Stromstärke von nur etwa 200 Milli-Ampere und für eine Dauer von Sekundenbruchteilen.

Als Viehhüter sieht man das naturgemäß ein wenig anders. Die Tiere müssen ja irgendwie davon abgehalten werden, bis dicht an die steil und tödlich abfallende Schlucht zu grasen. Und ein spitzenbewehrter Stacheldraht birgt ein deutlich größeres Verletzungsrisiko. Ganz ohne Zaun genügt schon ein kleiner Rempler von einer nachkommenden Cousine oder eine unerwartet rutschige Stelle. Weil Kühe in einer hektischen Situation dann doch nicht so trittfest und leichtfüßig sind – trotz Allradantrieb.

Tabuzone sind natürlich auch die verlockend saftigen Almwiesen der Nachbargemeinde, deren Obmann dann vielleicht anderntags mit der Schrotflinte im Anschlag an der Hüttentür steht, um sich für die zum Golfrasen abgenagte Weide zu bedanken.

Und der Viehhüter fühlt natürlich mit seinen Kühen mit. Schon weil er selbst in regelmäßigen Abständen beim Überprüfen und Reparieren der Zäune den einen oder anderen Stromschlag kassiert. Im Laufe der Zeit überkommt einen sogar das Gefühl, dass sich die Tiere beim Schlagvermeiden geschickter anstellen als ihr Hüterich. Meist nur als hemmungslos neugierige Jungspunde bekommen sie auf der sogenannten Vorweide – quasi dem Akklimatisierungsspielplatz zwischen Stall und Berg – den einen oder anderen »gewischt«. Danach ist die Lektion gelernt und der E-Zaun ein Übel, an dem man als erfahrene (brave!) Kuh nicht einmal anstreift. Es liegt also auch keine vorsätzlich böswillige

Bestrafung durch den Viehhüter vor, wenn eine Kuh sich am Zaun doch einen kleinen »Zippezapp« holt. Denn die Tiere wissen sehr genau, was ihnen blüht. So ist auf dem Weg zum grüneren Gras der Nachbaralm das stromführende Band für (neu-)gierige Nasen nichts anderes als ein mit Kuhverstand einkalkuliertes Risiko.

Auf der anderen Seite kalkuliert natürlich auch der Viehhüter ein wenig: Er hat meistens nur ein oder zwei stromspendende tragbare Weidezaun-Geräte zur Verfügung, die er mitsamt mehrerer Spulen Zaunband und ein paar Dutzend Pflöcken je nach Bedarf versetzen kann. Die Geräte – vor allem die neuen mit Solarzellen – sind recht schwer, sie im unwegsamen Hochgebirge umherzuschleppen oft mühsam. Und wenn die Kühe ja eh schon gelernt haben, was dieses weiße Plastikband mit den eingewebten, glänzenden Metallfäden für eine hirtenhundsgemeine Eigenschaft hat, wenn man ihm zu nah kommt, wozu dann den Zaun auch noch jedes Mal scharf laden? Auch die Verkehrspolizei praktiziert dieses Prinzip für die »Herde der Autofahrer« bei den Radarboxen ...

So entspinnt sich jeden Sommer das gleiche Spiel aus Pokern und Bluffen. Es gibt Kühe, die irgendwann draufkommen, dass der fiese Zaun nicht immer fies ist. Es gibt sogar Kühe, die irgendwann draufkommen, dass man einfach nur gezielt einen der Pflöcke umtreten muss, um dann ungestraft auf der anderen Seite weitergrasen zu können. Und das merken sie sich auch – genauso wie geheime Schleichwege durchs Unterholz am Zaun vorbei – bis zum nächsten Jahr, um das alles dann ärgerlicherweise auch noch den nachrückenden Jungtieren beizubringen.

Man darf als Hirte seine Kühe also nicht zu oft mit einem stromlosen Zaun verarschen. Denn in Wahrheit ist ja auch ein geladener E-Zaun nur ein Riesenbluff, der nichts tut, als der Delinquentin einen Schreck einzujagen. Und wenn die Kuh diesen Schreck nicht mehr erwartet, marschiert sie mit ihrem dicken Fell und ihrem meist noch viel dickeren Hintern schnurstracks selbst durch einen geladenen Zaun und hat ihn zerrissen, bevor der zweimal »Zippezapp« antworten kann. Danach ist der Zaun leider auch an allen folgenden neuralgischen Stellen saftlos. Zwei bis drei Pflöcke liegen irgendwo in der Botanik, und die halbe Herde spaziert durch den verbotenen Teil der Welt, bis der Hirte anderntags wieder nach seinem Vieh sieht.

Glück hat der Hirte in so einem Fall nur, wenn das alles an einem heißen Sommertag passiert und die einzige Wasserquelle weit und breit die Tränke auf der Weide ist. Dann kommen die Mädels auch freiwillig wieder.

Wenn all die Racker schließlich wieder eingefangen sind, dreht sich der Hirtenspieß um. Die Strombehandlung des Hüters beginnt. Oft steht das Weidegerät, an dem man den Schrecken ein- und ausschalten könnte, nämlich 100 Höhenmeter vom Tatort entfernt, und der Weg dorthin ist eine steile, rutschige Wiese. Dann meint der Hirte, der nach der Viehsuche eh schon zwei Marathonläufe als Tagespensum in den Beinen hat, cool und abgehärtet genug zu sein, den Zaun zu flicken, ohne ihn abzuschalten. Wichtig sind dabei zwei Grundregeln: nicht zaghaft, sondern möglichst fest zupacken, und das Ganze bloß nicht barfuß machen, denn dann fetzt es tatsächlich bis in die letzte Haarwurzel. Geschickten Hirten gelingt es mit etwas Übung, den Verbindungsknoten quasi zwischen zwei E-Takt-Schlägen anzubringen. Aber das erfordert – wie gesagt – »etwas Übung« ...

Gescheiter, als sich auf die Widerstandskraft eines Zaunes zu verlassen, ist hier ein bisserl »kuhisch« zu denken. Wenn Kühe sich durch hügeliges Gelände bewegen, haben sie ein sehr genaues Gespür dafür, wie man am energiesparendsten vom einen schönen Weideplatz zum anderen kommt. Kein Höhenmeter wird von A nach B zu viel gegangen, kein Umweg in Kauf genommen nur, weil am direkten Weg ein dichtes Gestrüpp steht. Einfach ab durch die Mitte. Wo ein Wille ist, entsteht nach zehn Kühen auch ein Weg. Wenn eine Kuh frontal auf einen Zaun stößt, der keiner für sie »logischen« Geländebegrenzung folgt, wird sie in der Regel, spätestens, wenn das Futter auf der anderen Seite besser ist, hindurchmarschieren. Hat man aber die Möglichkeit, mit Hilfe des Zauns die Kuh-Marschrichtung so sanft abzulenken, dass die Begrenzung zum Beispiel mit einem Felsen abschließt, wird man es viel leichter haben, das Revier zu behaupten.

Anderes Beispiel: In allerbester Absicht habe ich einmal die Weide auf »meiner« Hochalm an einem gefährlich steilen Abhang mittels E-Zaun so abgesteckt, dass die Kühe der Kante erst gar nicht zu nahe kommen sollten. Das Ergebnis: Nach einer Woche brach meine berüchtigte fünfköpfige Alcatraz-Showtruppe mit ihrer wirklich ziemlich hinterfotzigen Leitkuh (alias *»Die Patin«*) durch den Zaun, um den bis zur Kante verbleibenden saftigen Grasstreifen abzuernten. Dabei balancierten sie erst recht haarscharf am Absturz entlang, und ein gefährlicher Stau entstand, als die ersten wieder zurück zur Tränke umkehren wollten.

Als ich danach den Zaun auf Anraten eines Altbauern

direkt an den Rand des steilen Abhangs setzte, blieb er über Wochen heil. Den Tieren war die gleichzeitige Überwindung von E-Zaun plus Geländekante offenbar zu groß und die gezogene Grenze auch aus Kuhsicht logisch.

Kleiner Hirtentipp aus der Almpraxis:

Das mit Abstand Blödeste, das man als Hirte mit einem zu reparierenden Elektrozaun machen kann: das stromführende Ende mit der einen Hand zu sich her ziehen, während man sich im rutschigen Gelände mit der anderen Hand an einem alten Eisen-Zaunpflock festhält. Der darauffolgende Luftsprung würde jedem Profi-Basketballspieler zu Ehre gereichen und die kurzzeitig entstehende Frisur jedem Zierkaktus.

IX. Der Ziegenpeter und seine Heidi

Bauernregel:

»Hat der Hirte keine Hirtin,
schnappt er sich die Nachbarswirtin.«

Rollenspiele

Das rauhe, konditionsfördernde Leben eines Almhirten hat auf viele weibliche Wesen eine ähnlich erotisierende Wirkung wie das eines Skilehrers. Wenn man mit erfahrenen Hirtenkollegen spricht, reicht die Palette der Anbahnungsversuche angeblich von verstauchten Knöcheln, die einen sofortigen Abstieg von der Hütte leider unmöglich machen und dringend eine Nacht Ruhe erfordern, über verdächtige Hilfsangebote beim abendlichen Melken bis zu mehrfachem Vorbeibringen vorgekochter Speisen – *»Der arme Bua, hat ja nix auf den Rippen!«*

Wohlmeinende Altbauern kommen zudem manchmal mit dem originellen Angebot, aus dem Nachbarort beim nächsten Mal die einsame »Nichte« – *»A so a fesches Dirndl is des!«* – mitzubringen. All das verstößt natürlich absolut gegen den 1000 Jahre alten Hirtenkodex, der Lust und Liebe seit jeher auf dem Innenboden des Schnapsglases sucht. Und außerdem (damit der unsägliche Spruch einmal in diesem

Buch vorkommt) weiß der Volksmund: Auf der Alm, da gibt's ka Sünd!

Außer natürlich, man ist schon von Haus aus vergeben. Und das birgt – je nach Charakter der Partnerin – gehöriges Konfliktpotenzial. Es soll schon vorgekommen sein, dass ein Psychiater mit dem sogenannten Hirtenpartner-Syndrom konfrontiert wurde – *»Herr Doktor, Herr Doktor, was soll ich bloß machen? Mein Freund ist mit 70 Kühen abgehauen!«*. Man stelle sich vielleicht hierzu klischeehaft eine Städterin vor, die gerne ihre Manolos ins Büro ausführt, hauptsächlich wegen der herandämmernden Torschlusspanik heimlich ans Pillevergessen denkt und beim Gedanken ans Kuhscheiße-Schaufeln lieber eine Woche Shopping-Verbot ertragen würde.

»Miss Manolo« könnte bestimmt das alte »Ich-oder-die-Kühe-Spiel« spielen; also ihre Beziehung in jene Waagschale werfen, in der auf der anderen Klischee-Seite das testosterongesteuerte Metro-Männerbedürfnis liegt, noch einmal die eigene schlummernde Urkraft zu wecken und den Krustenpanzer des Alltags zu sprengen. Aber ob sie sich bzw. das Gewicht der Beziehung da nicht überschätzt?

Die andere Möglichkeit wäre, geschickte Miene zum tierischen Spiel zu zeigen und den Möchtegern-Hirten mit seiner Herde ziehen zu lassen. Ihn dafür oft zu besuchen (dass er sich nicht eine echte Heidi findet, die City-Ziegenpeter zeigt, wie man die Hütte richtig einheizt) und am Telefon regelmäßig Exfreunde zu erwähnen, mit denen sie mal wieder auf einen Kaffee war – *»Du wirst es nicht glauben, aber der hat wirklich abgenommen! Sieht jetzt richtig gut aus!«*. Dann bleibt natürlich noch zu hoffen, dass der Neo-Hirte auch nachher zurück zu ihr ins Stadtnest findet, ohne nachts beim Kuscheln »Mach mir die Kuh« zu betteln, schon morgens früh auf dem Gang der Gemeindewohnung mit dem Nachbarn ein Bier zu trinken und auf dem Weg zur Arbeit – mit dem treuen Hirtenstock in der Hand – auf der U-Bahn-Rolltreppe das Jodeln zu üben.

Auf der anderen Seite gibt es natürlich auch Frauen, die würden diese Herausforderung nach einer kurzen Bedenkminute annehmen (Angriff ist die beste Verteidigung), sofort unbezahlten Urlaub vom Arbeitgeber erpressen, ihre Siebensachen packen und mit dem Freund, seinen 70 Kühen und zwei Schweinen auf eine einsame Alm ziehen. Aber die sind rar.

»Apropos Träume verwirklichen«, warf ich in einer geschickt vorbereiteten Gesprächspause während eines romantischen Cuveé-Käse-Kerzen-Abends mit der langjährigen Frau meines Herzens daheim in Wien ein: »Ich möchte nächsten Sommer eine Saison lang ein paar Monate als Viehhirte auf einer einsamen Alm verbringen. Allein. Ich glaube, ich brauche das jetzt.«

Die große Pause, die daraufhin folgte, war abenteuerlich. Ich wusste nicht, ob meine bessere Hälfte innerlich nach Luft und Fassung rang oder überlegte, in welche Worte sie Begeisterung und Erstaunen kleiden sollte, oder einfach nur ganz neutral schockgefroren war. Zum Glück war es eher Zweiteres. Ich erklärte ihr, wie ich mir das mit meinem Arbeitgeber und meiner geplanten kleinen Ausbildung zum

Viehhüter vorstellte und warum ich gerade diese doch etwas ausgefallene Sache machen wollte, die nun wirklich nicht gerade in Männermagazinen und Reiseprospekten angepriesen oder schwärmerisch in meinem Freundeskreis diskutiert wurde.

Es endete schließlich damit, dass sie, nachdem sie noch ein paar Mal darüber geschlafen hatte, bei ihrer sehr wohlwollenden Arbeitgeberin ein paar Wochen unbezahlten Urlaub durchboxte, ihre Siebensachen packte und mir zu Beginn des Sommers den Übergang in die ersehnte Auszeit doch sehr erleichterte. Schließlich gab es danach für mich noch monatelang Zeit, um die Wirkung der Stille (bis auf das Kuhgebimmel und das Schweinegrunzen) und ihrer ungleichen Schwester, der Einsamkeit, auszuprobieren. Und ich hatte ja weder ein Isolationsgelübde abgelegt noch mich dem keuschen Mönchstum verschrieben, das noch nie sonderlich meines war.

»Na, du traust dich was! Wenn ihr das gemeinsam aushaltet, dann könnt ihr ja eigentlich gleich heiraten!«, wollten mir mehrere Kollegen und Freunde vor dem Almauftrieb Angst einjagen. Gerade so, als ob ich beschlossen hätte, mich fürs Guinnessbuch der Rekorde mit einem Tiger in einen Käfig sperren zu lassen.

Mein »Tiger« und ich haben bis jetzt zwar noch nicht geheiratet, aber »ausgehalten« haben wir die Intensität und die Abgeschiedenheit der Alm in diesen Anfangswochen trotz einiger lehrreicher Meinungsverschiedenheiten dennoch verdammt gut!

In dieser gemeinsamen Anfangsphase habe ich ein paar interessante praktische Erfahrungen gesammelt, die Pärchen zugute kommen könnten, die gemeinsam einen ganzen Almsommer »packen« wollen: Vorsicht, man übersieht automatisch die Tücken dieser Herausforderung im Schein eines romantisch-verklärten Almbildes. Plötzlich hat man nämlich den ganzen Tag von früh bis spät miteinander zu tun. Es ist nicht so, wie im bisherigen Leben, dass man bestenfalls zusammen frühstückt und zu Abend isst, zweimal die Woche auswärts ein paar Freunde trifft, außerdem den Fernseher in die Abendunterhaltung einbindet und am Wochenende gemeinsam entspannt alle viere von sich streckt. Auf der Alm muss man sich wirklich intensiv miteinander befassen. Und noch unerwarteter: Man wird zu Arbeitskollegen, die sich in einem völlig neuen Umfeld eine vernünftige (oder zumindest funktionierende) Arbeitsaufteilung einfallen lassen müssen.

Da kommt es dann (nur einmal aus Männersicht beschrieben!) zu so skurrilen Situationen, dass *er* brav jeden Tag das Holz im Schuppen hackt, diese Tätigkeit wie die Pest hasst, weil er das Verletzungsrisiko kennt, das er als ungeübter Städter auf der Alm mit sich herumträgt, es aber trotzdem macht, weil es eben gemacht werden muss. Und dann beschwert *sie* sich nach ein paar Tagen, *er* könne ja auch hin und wieder (mangels Spülmaschine) das blöde Geschirr waschen, *sie* würde auch gerne mal das Holz hacken. – *Ach, das hat so was schön Martialisches, wenn man draufhaut und die Trümmer in alle Richtungen fliegen ...*

Oder: *Er* marschiert bei jedem Wetter nicht immer bestens gelaunt, aber brav seine Hirtenpflicht erfüllend zum Vieh, weil dieses auf seine tägliche Salzration wartet, riskiert dabei regelmäßig, ein paar Hörner, angeschoben von 600 Kilo Lebendgewicht, ins Kreuz gerammt zu bekommen und würde viel lieber am heißen Ofen sitzend ein Buch lesen oder einfach nur beim Räucherduft von gesammeltem Fichtenharz dem Knistern der Glut, dem Rauschen des Regens und dem Rollen des Donners lauschen (seinetwegen auch Geschirrspülen und Auskehren). Und nach ein paar Tagen kommt der Vorwurf, dass es so fad sei, in der Hütte ein Buch zu lesen, und warum *sie* nicht das Salzgeben, Zäunesetzen und Kühezählen erledigen könne ...

Oder es macht in einer emanzipierten Beziehung sowieso jeder alles, was wiederum die Gefahr beinhaltet, dass man sich gegenseitig Konkurrenz macht und die »fehlerhaften« Methoden des anderen kritisiert.

Trotz allem, nur Mut: Wenn die Beziehung hält, gibt es wohl nichts Schöneres, als sich später einmal gemeinsam an so eine wirklich einzigartige Zeit zurückerinnern zu können.

Kleiner Hirtentipp aus der Almpraxis:

Wenn jemand (dein Partner, andere Besucher) unbedingt deine Arbeit machen will, dann hindere ihn bloß nicht daran. Und wenn du wirklich ein bauernschlauer Hirte bist, dann machst du es bei Besuchern wie Tom Sawyer mit dem Streichen von Tante Pollys Gartenzaun und verlangst für das authentische Gefühl echter Hirtenarbeit (inklusive Übernachtung auf einer original unbequemen Hüttenbank und kärglichem Viehhüterfrühstück) auch noch ein Hirtenerlebnis-Trinkgeld.

X. Grunzgeschichten und Ferkelfabeln

Bauernregel:

»Will das Schwein ein Auto lenken,
kann man ihm das nicht verdenken.«

Schwein gehabt?

George Clooney hatte eines (was ihn mir gleich viel sympathischer macht). Und Michael Jackson hat bestimmt auch einmal darüber nachgedacht, bevor er sich ein Äffchen zulegte. Warum also nicht selbst ein Schwein als Haustier halten? Schließlich haben die schneller als manch anderes Haustier begriffen, dass man nicht überall hinpinkeln sollte, weil's sonst nirgends mehr gemütlich trocken ist, machen sich ihr Strohbettchen selber und sehen nur völlig versaut aus, wenn man ihnen hin und wieder eine artgerechte Schlammpackung zur Reinigung der Haut gönnt. – Auch menschliche Wellness-Prinzessinnen wissen eine solche Behandlung schließlich zu schätzen.

In den Bergen von Papua-Neuguinea gelten Hausschweine bei manchen Stämmen sogar als Familienmitglieder. Sie werden an der Leine zum Spaziergang mitgenommen (was köstlich aussieht), man wartet geduldig, bis sie ihr Geschäft verrichtet, die Wurzel ausgegraben oder sich im Schlamm eines

Wasserlochs gewälzt haben. Und man bürstet sie regelmäßig, wie man einem Pferd das Fell glätten würde. Früher kam es sogar vor, dass ein Ferkel von der Frau des Hauses fertig brustgesäugt wurde, wenn die Muttersau ums Leben kam. Warum die Schweine auf Neuguinea diesen Stellenwert haben? Kommt es zu Stammesfehden mit den Nachbarn (was beim stolzen Bergvolk der Enga ungefähr einmal im Monat passiert) und entsprechenden Verlusten unter den tapferen Kriegern beider Seiten, dann werden die Schweine nachher für Kompensationszahlungen gebraucht. Im Europa des Mittelalters verhökerten Könige aus ähnlichen Motiven ihre unverheirateten Töchter. Und die Moral von der Geschicht': Auf Neuguinea sollte man immer ein paar Schweine mit sich führen. Man braucht sie dort möglicherweise schneller, als einem lieb ist.

Meine beiden Almmeister Hans und Christof hatten sich hingegen nur für *zwei* Almschweine starkgemacht. Es gebe in Kärnten nicht so viele Stammesfehden, also auch weniger zu kompensieren, meinten sie, dafür wären zwei Schweine die idealen Biomüllschlucker für sämtliche Küchenabfälle und extrem dankbare Abnehmer für Molke und Restmilch von Hauskuh Ringale.

Bis zu dem Moment, als die beiden aus dem Anhänger trotteten, mit dem sie im zarten Ferkelalter von drei Monaten auf die Alm gebracht wurden, war mir nicht wirklich bewusst, was für ein lustiges und intelligentes Tier so ein Schwein ist. Jetzt muss ich jedes Mal grinsen, wenn ich Hermann und Werner sehe – was ich bei meinen sturen Kühen nicht wirklich behaupten kann.

Nach zehn Tagen Eingewöhnungszeit in Stall und Freiluftstall durften Hermann und Werner hinaus ins Almparadies. Und natürlich bolzten sie als Erstes weg von der Hütte, auf und davon über die Ampferwiesen, hinein in den Wald. Und als ihre rosa Ferkelhintern im grünen Unterholz verschwanden, dachte ich sofort: Okay, guter Versuch; 2 × 100 Euro dahin.

Aber weit gefehlt! Die beiden hatten offenbar schon nach dieser kurzen Eingewöhnungszeit begriffen, dass das wirklich gute Futter – Gerstenschrot mit frischer Kuhmilch – nur bei der Hütte zu kriegen ist. Trotzdem legte ich Werner ein Glöckchen um, das der Hausziege des Vorhüters gehört hat, sobald er mich endlich an sich heranließ. Jetzt bimmeln die beiden im Paarlauf um den Stall, wälzen sich vollsynchron im schlammigen Bachbett, fressen in perfekter Symmetrie das Ampferunkraut um den Gemüsegartenzaun und ärgern in ausgeklügeltem Teamwork die Hauskühe. Nach etwa einem Monat kommen sie sogar auf Zuruf angelaufen. Werner, der Verfressenere mit den Schlappohren, um sich beim ersten Anzeichen einer Streicheleinheit bäuchlings jedem zu Füßen zu werfen, die Augen zu schließen und leise grunzelnd zu genießen. Hermann, der Neugierigere mit den Stehohren, um zu zwicken, zu raufen und zu rempeln.

Sus scrofa domesticus – so nennt die Forschung unser Hausschwein – lernt zehnmal schneller als der durchschnittliche Haushund. Das kann so nicht stimmen. Bei den spezifischen beiden Rüsselbären, die meine Freundin und ich gemeinsam gekauft haben, hätte ich den Wert ohne Zögern noch einmal verdoppelt. Nichts bleibt unentdeckt, ununtersucht oder unangestupst. Erst mit der Steckdose beschnuppern, dann schubsen, dann am besten umwerfen, zerlegen oder verschleppen. Egal, ob das Objekt im Fokus der Aufmerksamkeit gerade die Mistgabel mit den gefährlich spitzen Zinken ist oder die zehn Meter lange Leiter zum Heuboden oder womöglich die Zwischenstalltür, die einfach per Nasenhebel aus den Angeln gehoben wird, weil dahinter (zu Recht) ein ganzes Reich von neuen, schmackhaften Eindrücken erwartet wird ...

Bei einem derart ausgeprägten (Nahrungs-)Erkundungssinn ist nicht weiter verwunderlich, was schlaue Schweine in der Südsee-Nation Tonga zur Verbesserung ihres Lebensstandards ausgeheckt haben: Sie gehen fischen! Üblicherweise besteht ihre Diät auf den Inseln des Königreichs nämlich aus Kokosnüssen. Und die werden mit der Zeit verständlicherweise fad. Nun wurden freilaufende Tonga-Hausschweine dabei beobachtet, dass sie im Uferschlamm Muscheln, Algen und Krebse mit der Nase ausbuddeln und verspeisen. Und einige von ihnen sollen sogar bis zum Bauch im Salzwasser gestanden sein, um erfolgreich kleine Fische zu erhaschen. Den Inselbewohnern ist das nur recht. Die Fischschweine sind deutlich schmackhafter als jene, die nur Kokosnuss-Trennkost gefüttert bekommen. Aber zurück zu meinen beiden Prachtexemplaren.

In der Steinpilz-Zeit, in der auch Eierschwammerl und Brombeeren im Wäldchen bei mir um die Hütte zu finden sind, verschlägt es hin und wieder auch einen durstigen Sammler bis zur Hütte. Robert, einer meiner regelmäßigen Besucher, ist das letzte Stück Weg mit dem Auto gefahren, hat mir seine eindrucksvolle Pilzbeute gezeigt und netterweise auch verraten, wo er sie gefunden hat. Normalerweise werden unter Sammlern ja die eigenen Pilze klein, schrumpelig und madig geredet, um den Widersacher auf eine falsche Fährte oder noch besser auf überhaupt keine Fährte zu locken. Die Pilze kommen zurück in den Kofferraum und Robert zu meinen zwei anderen Besuchern an den Jausentisch im Vorgarten auf ein Plauderbier. Das Bier verdunstet, Robert verabschiedet sich und bleibt dann plötzlich wie angewurzelt am Zaun stehen, als sein Blick auf den Wagen hinter der Hüttenecke fällt: »I glaub, i spinn! Da sitzt ein Schwein in meinem Auto!«

Tatsächlich hatte Robert die Beifahrertür wegen der sommerlichen Hitze einen Spalt breit offen stehen gelassen. Und das war eindeutig zu viel der Versuchung für die Neugier der beiden rosa Hüttengeister. Der Anblick ist einfach zu komisch: Während Hermann neben dem Wagen gerade genüsslich grunzend die Österreichstraßenkarte meines Gastes zerfetzt, sitzt Werner sichtlich entspannt auf dem Beifahrersitz, hat alles in Reichweite gründlich mit der Nase untersucht und zwinkert uns frech mit seinem einen blauen und dem anderen braunen Auge durch die Windschutzscheibe entgegen. Nur das Anschnallen ist ihm anscheinend nicht gelungen.

Es wäre wirklich zu schön und zu einfach gewesen, die beiden Schweine Tag und Nacht gemeinsam mit den Kühen um die Hütte laufen zu lassen. Aber das geht aus zwei Gründen nicht: Erstens können die zwei Lausbuben meine Hauskühe einfach nicht in Frieden grasen lassen, hüpfen herausfordernd um Ringale und ihre Begleitkuh Raina herum, sind dabei aber nicht wirklich schnell genug, um den spitzen Hörnern der beiden auszuweichen, wenn denen irgendwann der Geduldsfaden reißt. Zum anderen sind sie irgendwie draufgekommen, dass es neben den täglichen Milchrationen, die ich ihnen in ihren Futtertrog kippe, am Unterboden der Kuh noch eine weitere Milchquelle gibt.

Mit anfänglicher Gelassenheit habe ich vor ein paar Tagen amüsiert zugesehen, wie Hermann um die riesenhafte Raina herumschlawenzelt, dabei seltsam grunzend so tat, als ob er noch ein kleines Ferkel (oder Kälbchen!?) wäre und sich dann allen Ernstes mit seiner Schnauze an Rainas Euter zu schaffen machte. Ich war mir in dem Moment völlig sicher, dass sie ihm jetzt einen kräftigen Fußtritt verpassen würde, Hermann dann seine Lektion gelernt und wir am Ende alle unsere Ruhe hätten. Aber Raina tat nichts dergleichen. Hermann hatte offenbar in irgendeinem schweinischen Kuhdialekt den richtigen Ton getroffen und begann, als ob er das schon hundert Mal gemacht hätte, an Rainas Zitzen zu nuckeln. Dem folgte allerdings sehr schnell ein erzieherischer Fußtritt. Und zwar von mir.

Jetzt muss ich die Spielzeit rund um die Hütte einteilen, wenn ich keine Zustände wie in Sodom und Gomorrha einreißen lassen will: Während des Morgenmelkens und des Frühstücks die Schweine, dann bis Mittag die Kühe. Wenn es draußen richtig heiß wird und die Kühe freiwillig in den Stall kommen: Tür zu und die beiden rosa Clowns wieder rausgelassen.

Zu viel Auslauf – so meinten zumindest meine Bauern anfangs – würde ohnehin verhindern, dass die Schweine Gewicht zulegen. Aber die viele Bewegung wirkt auf die beiden offenbar eher appetitanregend, und sie haben im Laufe des Sommers so zugenommen, dass auch die Besucher aus dem Dorf beeindruckt sind.

Einmal hätte ich Hermann allerdings beinahe verloren: Die beiden toben sich immer im Umkreis von ein paar hundert Metern um die Hütte auf der Weide und im nahen Wald aus und graben dabei – wie ihre nachtaktiven Wildschwein-Cousins auf der Hochalm – leidenschaftlich ein bisserl um. Als echte Feinschmecker können sie natürlich auch den reichlich sprießenden Pilzen nicht widerstehen. Und da erwischt Hermann offenbar irgendwann einen falschen. Er liegt apathisch in der Ecke des Stalls, hat Fieber, wie man an den Ohren fühlen kann, sieht traurig zu mir herauf, wenn ich mit der Scheibtruhe (alias Schubkarre) ausmiste und frisst nichts mehr (sehr bedenklich für ein Schwein!). Ich bin verzweifelt. Von meiner Schutzcreme bekam er vor Monaten erfolgreich etwas gegen seinen Sonnenbrand verpasst. Nach tagelangem Husten in der ersten kalten Regenzeit bekam er Vitamin C und Aspirin in einem Käsestück versteckt verabreicht, weil es doch immer heißt, dass Schweine dem Menschen so ähnlich sind. Und jetzt soll ich ihn wegen einer blöden Pilzvergiftung verlieren?

Nach eingehender Beratung mit den Schweinebesitzern im Dorf setze ich ihn (und den armen Werner gleich dazu) auf Nulldiät und mache mich auf die Suche nach Holunderbüschen, deren Blätter bei Schweinen fiebersenkend wirken sollen. Ziemlich lustlos kaut Hermann auf dem Grünzeug herum und sieht darüber hinaus einfach sauschlecht aus. »Dass es am Ende nur nicht die Bananenkrankheit ist«, unkt einer der Bauern. »Bananenkrankheit?!«, antworte ich entrüstet. »Ich geb den beiden doch keine Bananen zum Fressen!« Nein, meint der Bauer lachend, Bananenkrankheit nennt man diese Infektion, weil das Schwein dann solche

Schmerzen hat, dass es sich krümmt wie eine Banane, wenn man mit der flachen Hand über den Rücken streichelt.

Mehrmals am Tag mache ich mit meinem kranken Schwein den Streicheltest, während ich versuche, ihm ein paar Holunderblätter zwischen die Zähne zu schieben, aber Hermann sieht kein bisschen einer Banane ähnlich und grunzt zum Glück im Unglück nur leise leidend.

Als ich am vierten Tag wie gewohnt morgens zum Melken gehe, höre ich aus dem Schweinestall ungewohnten Krawall: wildes Grunzen, Getrampel wie von einer ganzen Schweinerotte, das Scheppern des blechernen Wassertrogs. Irgendetwas ist anders als an den Tagen davor. Prügeln sich die beiden womöglich? Das wäre ein gutes Zeichen.

Das übliche Bild – von einem Hermann, der leidend im Stroh liegt, und einem Werner, der hungrig protestierend am Trog auf und ab läuft – hat sich in der Tat verändert: Sobald ich mich mit hörbaren Schritten dem Schweinestall nähere, verstummt der Krawall augenblicklich. Als ich über den Holzverschlag zu den beiden hineinsehe, ist der schwere Wassertrog umgeworfen und zwei quieklebendige Grunzbären schauen mich erwartungsvoll an, beide bester Laune und offensichtlich verdammt hungrig. Sie putzen ihr Milch-und-Gerste-Frühstück binnen drei Minuten bis auf das letzte Körndl weg.

Als ich sie dann erstmals nach Tagen zu ihrem Morgengalopp aus dem Stall ins Freie lasse, erlebe ich einen der schönsten, persönlichen Momente des Sommers: Während Werner wie gewohnt durch die Hintertür nach draußen stürmt, bleibt Hermann kurz im Türstock stehen, schnuppert in die sonnige Morgenluft hinein und läuft dann die drei

Meter zurück zu mir, um mich mit seinem Rüssel zu stupsen und grunzend nach meinem Hosenbein zu schnappen. Dann galoppiert er Werner nach zum Brunnen, wo schon eine schöne weiche Schlammpfütze auf die beiden wartet.

Ich kann mich natürlich irren, aber es ist, als ob Hermann, sonst immer der rüpelhafte Rabauke, der sich bis zum Ende des Almsommers eigentlich nicht einmal streicheln lässt, auf seine Art für meine Fürsorge danke gesagt hätte.

Kleiner Hirtentipp aus der Almpraxis:

Es ist eine wirklich harte Nuss, zwei derartige Charakterschweine nach so einem Sommer zu verkaufen, wenn man weiß, dass irgendwann der Fleischhauer auf sie wartet. Aber neben praktischen Überlegungen (Wäre in einer Stadtwohnung im 8. Stock Platz für zwei unerzogene Schweine? Wie sähe das aus, wenn man mit den beiden morgens Gassi gehen würde?) gibt es doch auch ein kleines emotionales Schlupfloch für Nicht-Vegetarier: Hätten wir die beiden am Anfang des Sommers nicht gekauft, dann wären sie in irgendeinem anderen Stall gemästet worden. Und der Weg wäre doch am Ende derselbe gewesen. So aber genossen Hermann und Werner den Schweinehimmel auf Erden und erlebten – kurz aber leidenschaftlich – sozusagen eine James-Dean-Story für Rüsseltiere. Ein Gedanke, mit dem zumindest ich mich halbwegs abfinden kann.

XI. Über die Natur der Natur

Bauernregel:
»Wächst ein Kaktus auf der Wiese,
steckt das Wetter in der Krise.«

Am Puls des Enzians

Im Laufe dieses Almsommers verändert sich langsam auch meine Wahrnehmung. Es gibt kein Fernsehen. Ich habe erst zweimal mein mitgebrachtes Radio aufgedreht, weil mir alle Nachrichten, die mich hier betreffen könnten, sowieso von Besuchern aus dem Dorf zugetragen werden. Und für das Wetter bekommt man mit der Zeit wirklich ein Gespür. Ganz abgesehen davon, dass ich einen ohnehin nur mäßig treffsicheren Wetterbericht gar nicht brauche. Ich habe hier nun einmal das Glück, erst beim morgendlichen Blick in den Himmel darüber nachdenken zu müssen, in welcher Reihenfolge ich den Tag angehen könnte.

Rund um meine Hütte gibt es außerdem viel weniger Ablenkung als in der Stadt, die den Blick auf unauffällige, aber bei näherem Hinsehen spannende Details verstellen könnte. Einmal habe ich eine um ihr Leben paddelnde Biene aus dem Brunnen gerettet, um ihr dann eine Dreiviertelstunde lang fasziniert zuzusehen, wie sie sich im Schutze eines Löwenzahnblattes wieder schön und ansehnlich machte. Sie hatte eines ihrer sechs Beinchen verloren (weshalb sie vermutlich überhaupt erst beim Trinken in den Brunnen gefallen war), trotzdem putzte sie sorgfältig und geschickt mit ihrem Kopf als Zusatzstütze das Wasser von ihren Flügeln, bürstete ihren klatschnassen, schwarzen Hinterleib so lange, bis das gelbschwarze Streifenfell wieder flauschig im Wind stand, und flog dann – wenn auch in eine vermutlich ungewisse fünfbeinige Zukunft – davon.

Wenn ich auf meinem Berg unterwegs bin, muss ich nicht auf irgendeinen Straßenverkehr achten und auch nicht ständig einem teuflischen Terminplan hinterherhetzen. Die Folge ist, dass ich zum ersten Mal in meinem Leben so richtig all die kleinen und allmählichen Veränderungen der Natur wahrnehme.

Es ist, als ob man am Anfang des Sommers in eine frisch möblierte Wohnung einzieht. Wenn man sich zu bedienen weiß, kann man das vorhandene Geschirr, Besteck, viele Vorräte und all die übrigen Annehmlichkeiten nützen. Und dann verändert sich diese außergewöhnliche Wohnung im Laufe der Wochen und Monate, die da kommen, ganz von selbst: In der Vorratskammer tauchen plötzlich neue Leckereien auf, andere verschwinden dafür. Die alte Holzbank aus Großvaters Zeiten, auf der man immer zur Siesta liegt, wird vom Blitz getroffen, bricht mitten entzwei und ist nicht mehr zu verwenden. Dafür taucht nach einem Sommersturm woanders ein weiches, mit Moos bewachsenes grünes Sofa auf, noch dazu mit Panoramablick über das Tal. Nach demselben Gewitter ist plötzlich der gewohnte Weg am Wohnzimmer vorbei in die Speisekammer nicht mehr passierbar. Aber über das Gästezimmer kommt man jetzt ganz gut dorthin und entdeckt unterwegs eine neue Aussichtsterrasse. Doch das Allerschönste ist: Die Teppiche entwickeln mit der Zeit neue Muster, die Tapete ändert ihre Farbe, und auch die Vorhänge wechseln den Ton. Die Bilder an den Wänden zeigen wandelnde Motive, und die Beleuchtung spielt alle Stückerln von milder morgendlicher Glühbirne, über grelle Mittagsscheinwerfer und zuckendes Blitzlicht-Stroboskop bis hin zu abendroter Kerzenstimmung und dezenten, nächtlichen Spotlights an der riesigen samtschwarzen Decke. Außerdem verströmt die Klimaanlage ganz aufregende, sich verändernde Duftnoten. Dafür lässt sie sich dann aber irgendwann nicht mehr auf mehr als 15 Grad stellen, und auch das Licht wird schon während des Abendmelkens ausgeschaltet.

Man möchte gar nicht mehr ausziehen, so abwechslungsreich, spannend und wohltuend ist das. Aber dann stellt sich leider der neue Hausherr vor: Väterchen Frost heißt er, und seine Lebensgefährtin Frau Holle. Und sie setzen den Hirten entweder fristlos vor die Tür oder ekeln ihn langsam mit ihrer kühlen Art hinaus.

Aufregend ist auch, wie erst im Laufe des Sommers die Vegetation hinauf zu den Berggipfeln vordringt. Jeder Schritt bergauf ist zugleich ein Schritt zurück in Richtung Frühling. Zuerst blüht alles unten im Tal; oben am Berg auf den letzten Weiden hält sich noch Schnee bis in den Juni, und das alte Gras liegt flachgepresst am Boden. Ein paar Wochen später tauchen dieselben Blumen wie im Tal um die Hütte auf, der Schnee hat sich in die schattigen Rinnen im Wald zurückgezogen, wo die Sonne nicht hinreicht. Der Löwenzahn leuchtet gelb, während unten im Dorf die Kinder schon Armeen von kleinen silbrigen Fallschirmen in die flimmernde Sommerluft pusten. Oben auf den letzten Weiden feuert der Enzian seine blauen Kelche aus der Grasnarbe. Die Altbäuerin bringt als Gastgeschenk die ersten Schwarzbeeren vom Wäldchen hinter ihrem Hof mit. Am Berg sind auf den Schwarzbeerstauden aber noch nicht einmal richtige Früchte auszumachen. Der allerletzte Schnee schmilzt in den schattigen Winkeln. Walderdbeeren um die Hütte. Der Almrausch blüht auf den niederen Almweiden. Edelweiß ganz oben an der Ringmauer. Der Gebirgsbach führt in der Hitze des Almsommers weniger Wasser, weil der allerletzte Schnee geschmolzen ist. Endlich werden die Schwarzbeeren um die Hütte reif. Damit ist jetzt an den Wochenenden mit dem Erntebesuch der Dorfbewohner zu rechnen. Himbeeren sind heuer rar. Dafür gibt es riesige Brombeeren für das Frühstücksmüsli – und natürlich zum Einkochen. Die nicht gepflückten Schwarzbeeren trocknen in den Wäldchen um die niederen Almwiesen aus. Dafür geben sie jetzt ganz oben, wo außer dem Hirten, den Kühen und den Murmeltieren niemand hinkommt, einen Festschmaus ab: Ozeane in Blauschwarz und Dunkelgrün, die niemand außer mir (und den wenigen, die ich einweihe) abernten wird. Eine sonderliche Jungkuh ist in der Herde, die sie mit Vorliebe frisst. Aber mit ihr teile ich gerne. Ich wusste bis jetzt nicht, dass es verschiedene Sorten von Schwarzbeeren, Heidelbeeren oder wie man sonst dazu sagen will gibt. Oben, am Rande der letzten Alm steht jetzt eine ganze Flanke in Flammen, wenn die Nachmittagssonne daraufstrahlt. Hänge voller Schwarzbeeren. Gelb, orange und dunkelrot sind die kleinen Blättchen jetzt. Nach einigen Tagen Regen sind nun auch die Pilze angekommen. Erst ganz wenige, so dass man sich über jeden einzelnen freut, ihn stolz herzeigt und überprüfen lässt. Dann immer mehr. Eierschwammerln - oder wie man anderswo sagt: Pfifferlinge - gibt es in diesem Sommer fast keine. Aber Pilze, die einem Murmeltierpärchen als gemeinsamer Regenschirm dienen könnten! Herren- und Steinpilze (da gibt es wirklich Unterschiede!), Birkenpilze, Frauentäublinge, Parasole, Maronenröhrlinge. Aber natürlich auch wunderschöne Fliegenpilze, hinterhältige Knollenblätterpilze, gemeingefährliche Satanspilze und bittere Speitäublinge.

Ich lerne, ein paar von ihnen auseinanderzuhalten. Haben sie Lamellen unterm Hut und wenn, in welcher Farbe? Sieht die Bruchstelle des Stamms aus wie ein Apfelstück oder fasert sie? Verfärbt sich etwas, wenn man hineindrückt? Wonach riecht der Pilz, und unterscheidet er sich in irgendeinem Punkt von denen, die ich schon für gut befunden habe? So lassen sich tatsächlich ein paar von den schmackhaften so eingrenzen, dass der allerschlimmste, mit dem ich sie verwechseln könnte, »nur« Magenkrämpfe verursacht. Aber ganz sicher sein, ob nicht doch irgendetwas Giftiges dabei war, kann man immer erst am nächsten Morgen.

Als ich eines Abends niemanden habe, der mir meine Funde doppelt und dreifach überprüft, und mich erstmals ausnahmslos auf mein neues Wissen verlassen muss, schlafe ich spät am Abend - mit leichtem Schmunzeln - ein: Wenn ich morgen früh wieder aufwache, dann kenne ich mich wirklich aus. Wenn nicht, hab ich wohl etwas übersehen. Meine Freundin daheim in Wien ist in Sorge. Ich soll das Mobiltelefon heute Nacht eingeschaltet lassen, und wenn ich um 9 Uhr früh noch immer nicht drangehe ... Ich wache am nächsten Morgen auf und lächele noch im Halbschlaf mit geschlossenen Augen in mich hinein. Ha! Mir fehlt nichts, nicht einmal der Bauch rumort. Köstlich waren sie die überbackenen Frauentäublinge mit selbstgemachter Knoblauch-Schnittlauch-Soße.

»Dagegen ist kein Kräutlein gewachsen« sagt so schön der Volksmund. Nach einem Sommer auf der Alm, in dem auch das Wissen um das »Grünzeug« auf der Weide stetig größer wird, kann man sich das allerdings beinahe nicht vorstellen. Rund 50 verschiedene Pflanzentypen wachsen auf einer Almwiese. Und in der Regel kann fast jede von ihnen irgendetwas. Während die Kuh instinktiv nicht nur die ihrer Meinung nach schmackhaftesten Kräutlein wie Klee, Rispengras, Wegerich und Löwenzahn mit ihrer Raspelzunge abrupft, sondern auch jene, die sie am meisten braucht, gehört es zum Rüstzeug des Viehhirten, seine nachwachsende, sich automatisch wieder befüllende Freiluft-Almapotheke so zu kennen wie der Kaufmann sein Einmaleins.

Ein absolutes Muss ist Johanniskrautöl. Die Zutaten dazu kann man entweder selber pflücken und ansetzen oder wohlmeinende Bauersfrauen im Tal um ein Fläschchen anbetteln. Johanniskraut hilft gegen fast alles, von Schnittverletzungen über Brandwunden bis hin zu Muskelverspannungen (nach den ersten paar Mal Melken) und Prellungen (wenn die Kuh einem auf die Zehen steigt). Ein Tee aus dieser gelb blühenden Pflanze, deren Blätter beim Zerreiben rote Farbe abgeben, hilft gegen Schlafstörungen, Depressionen und angeblich sogar gegen Bettnässen. Und wenn es doch eher das undichte Dach über der Schlafkammer war, dann kann man damit bestimmt auch die Löcher zwischen den Schindeln stopfen.

Ansonsten: Gelber Enzian ist anregend, Blutwurz ist entzündungshemmend, Kamille wirkt blähungsmindernd, Sonnentau hustenstillend, Frauenmantel (wie der Name schon sagt) gegen klassische Frauenleiden etcetera, etcetera.

Die Kuh profitiert von diesen Eigenschaften der Pflanzen genauso wie der Mensch, der sich daraus in den meisten Fällen am besten einen Tee braut. Näheres entnehmen Sie bitte einem echten Kräuterbuch mit Abbildungen und Bestimmungsteil. Ich will nicht verantworten, dass jemandem nach dieser Lektüre in Erwartung eines Schwellungsrückgangs am verstauchten Knöchel stattdessen gelbe Eiterpusteln am Unterschenkel blühen.

Noch eine Anmerkung zu Arnika: Hierbei handelt es sich um ein Pflänzlein mit ganz besonderen Heilkräften, von denen die wichtigsten schmerzstillend und entzündungshemmend sind. Die Pflanze sieht von der Blüte her beim flüchtigen Anschauen aus wie ein arg hergenommener, zerzauster Löwenzahn. Und auf meiner Alm über dem Kärntner Gailtal war sie auf den Wiesen erfreulicherweise auch ungefähr so stark verbreitet wie dieser. Arnika ist bei uns in Österreich geschützt, und man bekommt ihre Essenzen, Schnäpse und Öle in der Regel in jeder guten Apotheke (zu einem entsprechend »guten Preis«).

Ich denke aber, dass man als weit abseits einer Apotheke lebender Viehhirte grundsätzlich das Recht haben sollte, für den Eigenbedarf und in geringen Mengen die Schätze der Natur zu nutzen. Meine ganz persönliche, mehrfach moralisch hinterfragte Rechtfertigung, was Arnika betrifft: Bevor ich meine Kühe auf eine neue, noch unberührte Weide ließ, leuchtete dort neben anderen prachtvollen Blumen immer eine Unzahl von gelben Arnikablüten. Drei Tage später war keine einzige von ihnen mehr zu sehen. Die Kühe wissen halt leider nicht, dass das Pflänzlein geschützt ist. Und obwohl sie angeblich nicht explizit danach suchen, rupfen sie es doch mit den anderen schmackhaften Gräsern einer Magerweide aus. Bestimmt mit ein Grund dafür, dass die Selbstheilungskräfte von Almrindern bei diversen Krankheiten und kleinen Verletzungen so extrem hoch sind.

Kleiner Hirtentipp aus der Almpraxis:

Zu der sichersten Methode, sich keine Pilzvergiftung zu holen – nämlich immer zwei gute Pilzbücher und mindestens einen Einheimischen zu befragen und beim geringsten Zweifel den Fund sofort wegzuwerfen –, habe ich an einem stillen Almabend noch ein zusätzliches System wiederentdeckt und weiterentwickelt, das mir als Jugendlicher mit knappem Taschengeld gute Dienste leistete. Damals galt es nämlich eine andere Gattung von ungenießbaren Lebewesen zu vermeiden, die im Wiener Jargon sehr treffend auch noch wie Pilze klingen: Die »Schwarzkappler«, zu Deutsch: Fahrscheinkontrolleure. Wie die Giftpilze erkennt man sie nicht unbedingt, wenn sie vor einem stehen. Sie haben keine einheitliche Uniform und können sauber und ordentlich oder schmuddelig aussehen. Aber man kann eines machen: Man kann Passagiere ausschließen, die definitiv keine Fahrscheinkontrolleure sind. Denn Fahrscheinkontrolleure treten nicht in Gestalt von Frauen mit Kinderwägen oder Pensionisten mit Gehstock oder Volksschülern mit Ranzen auf. Und wenn eben nur solche an der Bushaltestelle warten, um in den einfahrenden Bus einzusteigen, dann kann man getrost ohne Fahrschein weiterreisen bzw. die gesammelten Pilze in die Pfanne hauen. Nichts kapiert? Also: Wenn man kann, sammelt man nur jene Pilze, wo diejenige mit denen man sie verwechseln kann, nicht giftig (oder zumindest nicht tödlich) sind. Steinpilze und Täublinge sind da super (so wie Schulkinder, gebrechliche Pensionisten oder Frauen mit Kinderwagen), vermeintliche Waldchampignons sind hingegen strikt tabu. Die würden zwar phantastisch munden, aber die Chancen sind einfach viel zu groß, dass man sie verwechselt und sich vergiftet (bzw. einen Kontrolleur abbekommt). Dann lieber ganz auf die Pilze verzichten (bzw. aus dem Bus aussteigen und den nächsten nehmen).

XII. Charakterkühe

Bauernregel:

»Hat ein Rindvieh einen Klopfer,
wird es leicht zum Mobbing-Opfer.«

Lara Croft und die Mauerblümchen

»Kühe sind wie Chinesen: Sie essen nicht mit Messer und Gabel, und sie sehen alle gleich aus.« Bis auf den Teil mit »Messer und Gabel« ist dieser Spruch, der wohl aus einem uralten Tierlexikon stammen muss, eine Unverschämtheit und obendrein falsch. Chinesen sehen definitiv nicht alle gleich aus. Und Kühe schon gar nicht.

Bühne frei für das Almauftriebsvarieté: Begrüßen Sie mit mir Charlie Chaplin, Kleopatra, Elvis, Brigitte Bardot, Obelix und Lara Croft. Ehrlich, wenn es sich dabei nicht um schleißig getarnte Reinkarnationen handelt, leg ich auf der Stelle Hut und Hirtenstab beiseite und ziehe nie wieder lederne Schuhe in Anwesenheit von Kühen an. Außerdem: Aus Sicht der Inder gibt es deutlich Schlimmeres, als in Gestalt des bestimmt heiligsten Tiers zwischen Gail und Ganges wiedergeboren zu werden. Aber, dass gleich alle diese Weltstars in einer einzigen Herde zu finden sind? Erstaunlich. Chaplin erkennt man sofort an seinem eigenwilligen Gang, den er auch in seinem neuen Leben ohne Spazierstock nicht ganz ablegen konnte. Kleopatra hat einfach eine göttliche Nase, Elvis verrät sich durch seine Frisur, die Bardot hat hypnotisch geschminkte Augen, Obelix (nein, nicht blaue Streifen) eine dominante Wampe und Lara natürlich das mächtigste Euter der ganzen Herde. Verzeihung, aber so ist es nun einmal.

Abgesehen von solchen Äußerlichkeiten, die zu lustigen Gedankenspielereien verleiten, wenn Elvis Kleopatra liebevoll Nase und Hals abschleckt, findet man in einer Kuhherde auch die verschiedensten Charakterzüge, die man vom Menschen kennt:

- Aggressivlinge, die erst einmal zuschlagen, bevor sie verhandeln, und herumpöbeln, wenn der Viehhüter nicht sofort das Lecksalz rüberwachsen lässt
- Hasenfüße, die schon bei zu langem Augenkontakt das Weite suchen
- Eingebildete Weiber, die sich nur angesprochen fühlen, wenn man sie persönlich adressiert
- Mauerblümchen, die man erst einmal in ein Gespräch verwickeln muss, damit sie auftauen und ihren Hirten beschnuppern kommen
- Allerbeste Freundinnen, die immer nur pärchenweise auftreten und wohl auch gemeinsam aufs Klo gehen würden, wenn es eines gäbe
- Einzelgänger, die sich immer erst alles aus der Entfernung ansehen
- Nachläufer (vulgo: echte Herdentiere), die nie mit einer eigenen Idee aufwarten und anfällig für Unruhestifter sind

- Aber auch heimliche Anführer, die niemals öffentlich den Chef raushängen lassen, trotzdem mit einem kleinen Wink des Ohrwaschls die halbe Herde umleiten können, alle Schleichwege im Weidegebiet vom Vorjahr kennen und heimliche Partys im verbotenen Steilwald anzetteln (meine hieß: *Die Patin*)

Daraus lässt sich ganz richtig schließen, dass in einer Kuhherde vieles wie in einer Firma funktioniert: Es sind nicht immer diejenigen mit den größten und lautesten Glocken, die den Ton angeben. Und als Viehhüter, der etwas bewegen will, tut man gut daran, sich eine Zeitlang unauffällig unter die Kühe zu mischen, um die wahren Anführer in der zweiten Reihe zu erkennen und sich mit ihnen gutzustellen. Denn, wenn du den Chef gegen dich hast, dann geht bald gar nichts mehr.

Wenn ich an schönen Sommertagen nach getaner Arbeit bei Speck, Käse, Brot und Quellwasser auf meinem Felsen in der Hochalm sitze und meinen Kühen beim Grasen, Wiederkäuen und Flanieren zusehe, kommt mir oft noch ein weiterer Vergleich in den Sinn: Nämlich der mit meiner Kindergarten- und Volksschulzeit: Hier wird man auch von den Erziehungsberechtigten (in diesem Fall den Bauern der Almgemeinschaft) mit wildfremden Artgenossen auf einen Haufen geschmissen und muss mit denen – ob man will oder nicht – verdammt lange auskommen.

Wenn man Glück hat, steht man irgendwo in der Mitte der Hackordnung, kriegt nur hin und wieder Prügel von oben, wird ab und an beschimpft oder ausgelacht, hat aber immer noch ein paar Bedauernswertere unter sich, die noch mehr Fett abbekommen als man selbst, was die Sache wieder leichter erträglich macht. Der Wahnsinn dabei: Wie viel der eine oder andere von der Gruppe geschubst, gehänselt und traktiert wird, bekommen die Erziehungsberechtigten in der Regel gar nicht mit.

Man kann das natürlich großzügig und augenzwinkernd als »die harte Schule des Lebens« abtun, aber die grenzt doch unangenehm oft an die beschriebene (seelische) Grausamkeit und mehr oder weniger angedeuteten (Psycho-)Terror.

Das ist mit etwas Einfühlungsvermögen interessanterweise auch in einer von fünfzehn Bauern zusammengewürfelten sommerlichen Almrinderherde zu beobachten: Blutige Schrammen an den Flanken und teilweise sogar abgebrochene Hörner zeugen von heftigen Rangkämpfen. Und eine meiner jüngsten Braunvieh-Kühe hat schon nach einem Monat derart demolierte Hörner, dass ich das Gefühl habe, die ganze Herde nimmt sie sich als Kratzbaum her. Immerhin zeugt dies aber auch von einer bewundernswerten Wehrhaftigkeit, denn wer sich schon beim ersten Anzeichen von Aggression im Murmeltierloch verkriecht, der bekommt natürlich auch nichts ab. Welche Taktik am Ende schlauer ist, ist natürlich eine andere Frage.

Aber in der Folge solcher Kindergarten-Grobheiten bilden sich auch in einer 70-köpfigen Kuhherde Grüppchen von Underdogs – im übertragenen Sinn »sommersprossigen Mauerblümchen« oder »unsportlichen Brillenträgern« –, die mit Sicherheitsabstand am Rande der »coolen« Kernherde lagern oder sich gleich ein anderes Plätzchen suchen, wo sie natürlich wiederum ihre eigene Rangordnung ausfechten. Amüsiert beobachte ich auch, wie manche meiner Kühe im Laufe der Wochen plötzlich ihre »beste Freundin« wechseln, mit der sie immer herumhängen. Da braucht vielleicht auch so ein gebrochenes Rinderherz wie bei uns Menschen ein dickes Fell ...

Kleiner Hirtentipp aus der Almpraxis:

Nütze die Mittagspause deiner Kühe, um den Benachteiligten und Durchsetzungsschwachen in der Herde heimlich und möglichst unauffällig ihre Ration Salz zu geben. Wenn alles vor sich hindöst, sind auch Futterneid und Neugier am geringsten. Die Kleinen sind beim täglichen allgemeinen Salztermin meist viel zu nervös, um sich nah genug an den Viehhüter zu wagen, weil gleichzeitig von hinten die nächste Tracht Prügel droht.

XIII. Almhygiene

Bauernregel:

»Riecht der Viehhüter nach Stall,
darf er nicht zum Opernball.«

Das Parfum

»Schade um die Hose«, denke ich mir im ersten Moment, als mir bei der Mittagsjause nach drei Wochen Viehhüten, Holzhacken, Wandern und Melken eine ölige Pfefferoni in den Schoß fällt. Aber, als ich die abtrünnige Schote aufhebe, um den Schaden zu begutachten, ändere ich sehr schnell meine Meinung: Schade um die Pfefferoni ...

Von allen Dingen, die man wirklich nachhaltig über die Sommermonate auf einer abgelegenen Alm vermisst, kommt gleich nach Frau, Freundin oder Spielgefährtin die Waschmaschine auf Platz 2. Ab und zu einmal ein paar Socken oder das starre T-Shirt im Handwaschbecken mit Seife durchzudrücken ist nicht das Problem. Aber eigentlich müsste man das fast jeden Tag machen, wenn man im ständigen Ringen mit der Natur den übertriebenen Sauberkeitspegel der Stadtwelt beibehalten möchte. Man kann nun einmal am Berg nicht jeden Tag die Kleidung wechseln, nur weil man beim Melken ein paar Spritzer Kuhmilch oder beim Schaufeln etwas Mist abbekommen hat. Außerdem: Wenn man für ein

Waschbecken voll heißem Wasser erst einmal Holz hacken und Feuer machen muss, statt einfach nur die Fernwärmeleitung aufzudrehen, dann überlegt man sich's. Und wenn das T-Shirt schon ein paar Mal beim Viehtreiben in der Sommerhitze dabei war, ansonsten aber noch ganz gut aussieht? Na und? Sieht eh keiner. Und so entwickelt sich fast wie von selbst das System des 3-Phasen-Hemds:

Phase 1: Das Hemd ist frisch, duftet nach künstlichen Pfirsichblüten und wird beim Frühstück und am Abend bei der Jause in der Kuchl getragen. Für den Viehhüter wird das Anziehen eines so frischen Hemdes nach vielen Wochen auf der Alm zu einem ähnlich feierlichen Ritual, vergleichbar mit dem Gefühl, wenn sich ein Stadtmensch mit Anzug und Krawatte so richtig in Schale wirft.

Phase 2: Das Hemd duftet bereits deutlich nach Heu, Stall und ein paar anderen Dingen, weist erste kriminaltechnisch nachweisbare Spuren von Kuhhaar auf und wird daher zum Viehtreiben, Kühezählen und Pilzesuchen eingesetzt. Etwaige Gäste kann man damit ohne weiteres noch draußen am Jausentisch empfangen. Für den Viehhüter ist das Hemd der Phase 2 wie seine zweite Haut. Er fühlt sich darin als Teil der Alm und wird von den Fliegen und Wespen teilweise auch schon als solcher erkannt.

Phase 3: Das T-Shirt wird feierlich zum Melk- und Mist-Hemd ernannt. Es trägt wesentlich dazu bei, dass die Hausschweine ihrem Herrl morgens zugrunzen oder die Welle machen und darf in der Früh und nachmittags im Stall bei der richtig ehrlichen Handarbeit dabei sein. Der Viehhüter macht sich mit diesem Hemd gerne den Spaß, schnöselige Halbschuh-Besucher aus der Stadt mit einer angeblich traditionellen Alm-Umarmung willkommen zu heißen. Wichtig ist hier aber vor allem, dass er das Ende von Phase 3 rechtzeitig erkennt …

Was passiert, wenn das Ende von Phase 3 vom Viehhüter nicht rechtzeitig erkannt wird, wäre allein schon eine ganze Universum-Sendung wert. Je nach Mischung ist ein solches T-Shirt nämlich in der Lage, stolzen 150-Kilo-Schweinen infantiles Ferkelgehabe zu entlocken und friedlich im Stall schlummernde Fledermäuse zu panikartigen Tagesflügen zu bewegen. Angeblich führt ein heimischer Mineralölkonzern in einer versteckten Tiroler Bergschlucht bereits Experimente durch, um zu testen, ob die aus einem solchen T-Shirt gewonnenen Dämpfe nicht als erneuerbare Energiequelle der Zukunft genützt werden könnten.

Ich selbst habe das zu lange Tragen eines »Phase-3-Hemds« einmal beinahe mit dem Leben bezahlt. Nichts Böses ahnend, gehe ich an einem schönen Juli-Morgen, ein Liedchen trällernd, zu meiner Viehherde auf der Hochalm. Ich gebe den anwesenden Mädels ihre Tagesration Salz, spaziere gemütlich durch ihre Reihen und bin gerade dabei, sie zum dritten Mal zu zählen, als ich direkt hinter mir ein ungewohntes Geräusch höre…

Hier muss ich kurz anmerken, dass man als Hirte schnell lernt, immer auch ein wachsames »akustisches Auge« nach hinten zu werfen. Wenn nämlich eine der behörnten Damen das Gefühl hat, beim Salzen zu kurz gekommen zu sein, kommt es vor, dass sie den Hüter von hinten anstupst, um ihn auf seinen Fehler aufmerksam zu machen. Oder sie wird selbst von einer anderen Kuh angestupst. Beides kann für den Hirten mit üblen Rückenverletzungen enden.

Mich verfolgt also an diesem Morgen mit Kuhschweif-Abstand eine der üblichen Verdächtigen: eine lästige, eindeutig von Bauernkindern verhätschelte Pinzgauerin ohne Hörner. Plötzlich dieses Geräusch. Irgendwie ist es vertraut, aber in dem Moment auch seltsam alarmierend, weil es gerade jetzt einfach nicht passt. In Sekundenbruchteilen schaffen meine ansatzweise bereits vorhandenen Viehhüter-Instinkte aber Gott sei Dank eine korrekte Interpretation: Es ist das gleiche schnelle Stampfen, das meine Damen machen, wenn sie einander mangels Stier gegenseitig aufreiten. Beim blitzartigen Zurseitewerfen sehe ich noch aus dem Augenwinkel, wie das 500-Kilo-Tier vorn in die Höhe geht und dann – zum Glück – ins Leere fällt.

Blöde Kuh! In der an diesem Morgen herrschenden, aufgekratzten Herden-Flirtlaune muss sie mich mit einer ihrer Turtel-Freundinnen verwechselt haben und sich selbst mit einem Stier. Seit diesem Vorfall tausche ich jetzt doch in etwas kürzeren Intervallen mein T-Shirt aus. Lieber einmal mehr an der Waschrumpel stehen – auch wenn's noch so lästig ist – als mit gebrochenem Kreuz die Viehhüter-Karriere im Spital besiegeln.

Kleiner Hirtentipp aus der Almpraxis:

Mit etwas organisatorischer Begabung lässt sich das Wäschewaschen auf der Alm auf absolute Notfälle einschränken. Wenn man ein Handtuch zum Händeabtrocknen benützt, verwende man zuerst nur die untere Hälfte. Erst wenn diese Anzeichen von Gebrauch aufweist, gehe man zur oberen Hälfte über. Auf diese Weise kann man die untere Hälfte immer noch verwenden, wenn die Hände – speziell nach dem Melken – vom Kuhstreicheln und vom Melkfett trotz Seife nicht perfekt klinisch sauber sind. Muss dann wirklich gewaschen werden und es hat sich einiges angehäuft, täusche man im passenden Abstand die Sehnsucht nach Verwandten vor. Diese können dann bei ihrem Besuch als Gefahrengut-Kuriere genützt werden für die Wäsche, die Frau Mama Hunderte Kilometer entfernt einer gründlichen, vermutlich mehrfachen Reinigung unterzieht.

XIV. Das Hirtentier als Attraktion im Alpenzoo

Bauernregel:

»Will der Bauer seine Ruhe,
kriecht er in die Bauerntruhe.«

Lass mich deine Stille stören

Heute saß gleich um 7 Uhr früh ein Jäger vor der Hütte auf der Jausenbank und wollte ein Bier. – »Wie definiert man Jäger?«, hat mich mal ein solcher in bester Bierlaune am Dorfkirtag gefragt. Und gab sich selbst schenkelklopfend die Antwort: »Bewaffneter Trinker!«

Na ja, wenn es beim Frühstücksbier bleiben würde, ginge das ja, aber manch ein von daheim geflüchteter Waidmann will dann auch noch unterhalten werden. Sich dazusetzen und plaudern, den Tratsch aus dem Dorf anhören oder weitergeben. Das klingt zwar sehr gemütlich, ist aber zumindest gewöhnungsbedürftig für einen Städter, der bisher daheim einfach das Handy abdrehen und die Tür zusperren konnte, wenn er einmal seine Ruhe wollte. Als Bewohner einer Almhütte hat man dafür, trotz all der echten oder angedichteten Idylle, nie die Sicherheit, dass man in der nächsten halben Stunde oder Stunde seinen Frieden hat und keiner plötzlich halbherzig rufend von hinten durch den Stall ins Haus schleicht – nur so aus lauter Neugier und weil ja offenbar eh keiner da zu sein scheint. So wird der Hirte von Einheimischen und Urlaubern oft als Teil des Alminventars gesehen, als Fremdenverkehrsbonus und nicht als eigenständiges, vom Tourismusdienstleistungsnetz unabhängiges Individuum.

Dafür bekommt man dann aber von den ganz alten Bauern, wenn sie einmal Vertrauen gefasst haben, Geschichten zu hören, die einen als Kind der Wohlstandsgeneration sprachlos stehen lassen: Zum Beispiel, dass man als Bub nur ein Paar Schuhe hatte und daher die meiste Zeit barfuß gelaufen ist, um diese zu schonen. Und dass man sich zu helfen wusste, wenn die Zehen im späten Herbst und im Frühjahr ganz blau gefroren waren. Dann hat man sich nämlich einfach eine möglichst frische Kuhflade gesucht und sich in dem weichen, warmen Haufen die Füße angewärmt.

Natürlich ist das auch mit den eigenen Almbesuchern von daheim oft so eine Sache. Zum einen nimmt man ja viele Mühen und manche Abstriche auf sich, um einen Almsommer lang seine Ruhe zu haben. Die Gedanken ordnen und neue Kraft tanken für den nimmermüden Ameisenhaufen im Tal. Zum anderen ist es aber auch schön, wenn Menschen, die man gernhat und die einem wichtig sind, dieses Hirtendasein miterleben können, so dass sie vielleicht etwas davon für sich mitnehmen. Doch den Mittelweg dazwischen zu finden, ist nicht leicht.

Wenn die Hütte nicht wirklich sehr abgelegen ist, kommt man sich manchmal so vor wie ein exotisches Hirtentier als Attraktion im Alpenzoo: »Schau mal, Mami, der kann sogar sprechen und hat so ein lustiges Hütlein auf. Kann ich ein Foto machen?« – »Komm weg da Kind, der hat schmutzige

Hände, und außerdem riecht er streng!« Und auf dem unsichtbaren Schild an der Eingangstür steht: Besuchszeit rund um die Uhr ohne Voranmeldung, Eintritt frei. Es wird den Besuchern aber unbedingt empfohlen, etwas besänftigende Wurst, Käse, Kuchen oder Schnaps zur Fütterung mitzubringen ...

Schnell ist jemand beleidigt, wenn man ihn abweist, weil schwer zu begreifen ist, warum man in einem »ganzen langen Sommer« nicht ein klitzekleines Wochenende erübrigen kann. Es ist dann auch nur schwer vorstellbar, dass für den Viehhüter in den Wochen vor dem Almauftrieb ungefähr jedes dritte Gespräch irgendwann die folgende Drohung enthält: »Echt?! Du gehst auf die Alm? Wo bist du denn da genau? Oh, da komm ich dich besuchen.«

Auf der anderen Seite wird man als »Ja-Sager« schnell zum Erholungsonkel für all die Freunde und Freunderln, die gern ein paar Tage Bergurlaub machen wollen. Viele von ihnen sind der Meinung, eh überhaupt nicht zu stören. Sie können sich halt nicht vorstellen, wie schön das sein kann, zu wissen, dass man jetzt die nächsten Tage so richtig allein ist.

Auch wenn die Wahrheit manchmal weh tut: In Wirklichkeit sind die einzig willkommenen Besucher jene, die bereit sind, sich absolut dem Rhythmus des Hirten anzupassen, und wo beim Abschied auf beiden Seiten das Gefühl entsteht, eine Bereicherung erfahren zu haben.

Schwieriger, als man denkt, diese Sache. Der Möchtegern-Almgast sollte sich einfach sicherheitshalber so verhalten: Gar nicht erst fragen, ob man mal auf Besuch kommen darf, und schon gar nicht irgendeine unabwendbare Drohung in den Raum stellen (siehe oben). Wenn man dann wirklich von

... (trotz verletzter Hand): Ringale gibt Milch. Und das anstrengenderweise zwei Mal täglich.

… darf man sich das vorstellen: Der viehhütende Großstadt-Journalist bei der Arbeit

Früher einmal wohnten hier hinter der Kuchl im großen Stall jeden Sommer hundert Kühe, die täglich von der Alm zurück in die Hütte getrieben wurden. Jetzt bleibt das Vieh auf den Bergwiesen, was das Verletzungsrisiko stark senkt und die Tiere ordentlich zunehmen lässt.

…die ersten selbstgemachten Heidelbeer- und Marille-Topfenknödel. Natürlich mit selbstgemolkener Almmilch.

Während der Käsekessel mit der Milch (im Hintergrund) auf Temperatur kommt, wird die Pause in der überhitzten »Kuchl« genützt, um die fertigen Laibe zu kosten und zu portionieren.

... wird aus unserer selbstgemolkenen Milch, von der wir den Rahm drei Tage lang abgeschöpft haben endlich soetwas wie Butter – zumindest ein paar Klümpchen davon ...

... haben wir dich bei irgendetwas ertappt?
(Im Hintergrund das schöne Kärntner Gailtal)

... sonst hol ich den Jäger und melde ein randalierendes Wildschwein!

Mit großem Stolz und Schweinswürde getragen: Die Glocke als Auszeichnung für ein echtes, freilaufendes Alpenschwein.

Affenhitze im Bergsommer: Da müssen die Kühe die Tränke mit den Viehhütern teilen.

Wir hatten zwar keinen Strom in unserer Almhütte, aber immerhin zwei ganz tolle ...

Zugegeben: Ein etwas ungleiches Duell. Aber es ist offenbar notwendig um klar zu stellen, wie groß der Respektabstand zwischen einer Milchkuh und einem frechen Ferkel sein sollte.

Auch für ausgediente Bergschuhe gibt es gute Verwendung. – Aber eigentlich hatten wir gar nichts angepflanzt …

… auf der Alm: Bloss nicht nass werden – zumindest nicht an der Nasenspitze!

... mit seinen zwei »alten Herren« aus der Muppet-Show: Alles auf der Almbühne wird kommentiert und herzlich darüber gelacht.

Begrüßungskomitee auf der Hochalm: Bis hierher geht`s mit dem Rad. Wo sich der Rest der mehr als 70 Kühe versteckt, muss zu Fuß herausgefunden werden.

»Keiner hat mich in der Herde lieb! Aber soll ich wirklich springen? Komme ich dann in den Kuhhimmel?«

… mein sprechender Hirtenstab für einsame Stunden auf dem Berg.

R.I.P. Hier ruht nun unsere verunglückte Hausmaus – unter Kuhmist.

… sind im Laufe eines Almsommers in einer Kuhherde ganz normal. Immer nur Fressen und Schlafen sind ja auch langweilig.

Ja, das ist die harte Realität: Verdammt rauh, Mamas Zunge!

Der Almsommer in Österreich ist paradiesisch, wenn der Enzian in Blüte steht.

Ein plötzlicher Wintereinbruch kann auf der Alm jederzeit passieren.

Mit vier Beinen kann man richtig Gas geben!

Rosa wird vom Viehhirten auf den Ernst des Lebens vorbereitet …

... In seiner Privatschule lernt man nicht nur Saugen bei der Mama, sondern auch richtig Kämpfen für den Platz in der Herde.

... Zeit fürs Mittagsschläfchen!«

Unser Viehhirte hat den Schalk im Nacken sitzen.

einem Almgeher eingeladen wird, bei ihm auf der Hütte zwei oder drei Nächte zu verbringen, dann ist das schon eine große Ehre. Nur wenn man eingeladen wird, eine ganze Woche zu bleiben, sollte man sich Sorgen machen, falls man nicht zum allerengsten Freundes- und Familienkreis gehört. Dann sind dem Hirten (oder der Hirtin) ernsthafte Beziehungswünsche zu unterstellen.

Wird man nicht eingeladen, dann hat das gar nichts – und schon gar nichts Böses – zu bedeuten. Schließlich ist ein mehrtägiger Kurzurlaub bei jemandem, der offensichtlich Stille und Ruhe sucht, bei weitem nicht dasselbe wie das regelmäßige Plauder-Stündchen auf einen Kaffee. Man kommt ja auch nicht auf die Idee, einem, der mit dem Saufen aufhört, zur Feier des Tages eine Flasche Schnaps zum gemeinsamen Begießen zu schenken, oder?

»Wenn Dummheit Gras fressen tät, dann müsste ich eigentlich jetzt Milch geben ...« In meinem ganzen Almsommer – so wird sich herausstellen – werde ich nie wieder so wütend (auf mich) sein wie heute: Ein Teil der Herde ist zu früh von der unterm Haus gelegenen Weide zur Haus-und-Hof-Weide (durch den Zaun) aufgebrochen und hat meine Milchkuh Ringale und ihre Begleitkuh Raina in helle Aufregung versetzt, weil sie jetzt plötzlich Rangkämpfe abhalten müssen.

Einfach den Zaun mit vereinten Kräften plattgemacht haben sie, diese fünfzehn Lederfetzenschädel! Nach ihnen gesucht habe ich schon stundenlang, aber bis gerade eben ohne jede Spur. Jetzt stehen sie ausgerechnet, als ich magenknurrend über ein frühes Abendessen nachdenke, vor der Hütte und halten sich bestimmt für ganz toll, dass sie vor den anderen schon das neue würzige Gras der zukünftigen Weide bekommen. Aber sicher nicht mit mir! Schon nicht aus Solidarität mit den anderen braven Kühen, die noch unten auf der alten Weide stehen und aufessen, was am Teller ist.

Besuch ist außerdem da. Wie passend. Lustig haben sie es in »meiner« Stube, die Freunde von daheim, der Bauer mit seinen Frühstückspensionsgästen und meine zwei Almmeister Hans und Christof. Nur einer meiner Freunde hilft mir, die Kühe wieder gegen ihren Willen hinunter zum trennenden Gatter zu treiben und den Zaun zu reparieren. Und dabei hätte ich schon einen solchen Hunger und mir auch eine so ausgelassene Runde verdient!

Nach einer schweißtreibenden Dreiviertelstunde ist die Sache zu zweit geschafft. Alle Kühe (auch die dämlichen, schwarz-weißen »Englischen«, die überhaupt nie etwas zu kapieren scheinen) wieder durchs Gatter auf der unteren Weide, das Gatter zu, der Zaun geflickt und verstärkt.

Müde stapfen wir den steilen Weg zurück zur Hütte. Jetzt aber ein Bier und etwas zu essen, bevor ich Milchkuh Ringale in den Stall hole zum Abendmelken. Mir ist schon ganz schlecht vor Hunger. Wo ist sie eigentlich? Ist doch sonst so neugierig, dass sie bei Gästebesuch bimmelnd um die Hütte streicht. Ich hör ihre Glocke gar nicht. In die aufsteigende Fassungslosigkeit hinein dämmert ein fürchterlicher Gedanke. War ich wirklich so unaufmerksam? Habe ich tatsächlich meine eigene Milchkuh in dem Trubel nicht erkannt und sie zur Hauptherde hinunter auf die Weide getrieben? Stimmt, da war eine, die wollte so gar nicht mitgehen ...

Die Hütte bebt vor Lachen, Tränen rollen, Bierbäuche müssen festgehalten werden. »Sympathisch ist man in den Augen anderer«, hat mir einmal ein Berggeist zugeraunt, »wenn man bereit ist, in jeder Lebenslage auch über sich selbst zu lachen.« Ich kann nicht über mich lachen, zumindest nicht heute und schon gar nicht jetzt. Dafür ist der Weg zu weit und zu steil, die Kuh, die ich holen muss, zu eigensinnig, mein Magen zu leer, das Gelächter meiner »Freunde« zu schadenfroh, die Hilfsbereitschaft zu gering.

Eineinhalb Stunden bis Einbruch der Dunkelheit kämpfe ich mich mit Ringale den Berg hinauf, die am Saum der Herde am alleruntersten Rand der steilen unteren Weide beleidigt muhend auf mich gewartet zu haben scheint. Aber offenbar nur, um mich zu beschimpfen. Von den anderen Kühen weg, die dem Neuzugang sehr viel Aufmerksamkeit schenken, will sie eigentlich nicht. »Hast ja recht, Mädel! Ich bin ein Rindvieh, aber das heißt nicht, dass du dich jetzt auch wie eines benehmen musst. Hopp! Geh endlich weiter!!!«

Ach, jetzt erkenne ich das Problem! Du meine Güte, auch das noch: Ringale ist »rollig« – wie man bei Katzen sagen würde. Sobald sie sich auf meine Bemühungen hin in Richtung Hütte in Bewegung setzt, trottet ihr ein Rattenschwanz Jungkühe hintennach, die den Duft, den sie verströmt, offenbar sehr anregend finden. Dann bleibt Ringa natürlich stehen, weil sie das nachtrottende Rindvieh von hinten instinktiv auch ganz interessant findet.

»Nix, da!«, schreie ich. »Da wird nicht aufgeritten!« Aber man will mich nicht verstehen. Als den Jungkühen mein Gezeter auf die Nerven geht, lassen sie doch irgendwann von Ringa ab, und wir können langsam den für uns beide schon sehr anstrengenden Weg zur Hütte fortsetzen. Die machtlose Wut im Bauch über die anfängliche eigene Dummheit macht schließlich wieder dem Hungergefühl Platz, und in der Hütte hat sich zum Glück auch noch keiner totgelacht. Sie grinsen weiterhin blöd, aber Christof hat sich immerhin mit einer Gusseisenpfanne an den Ofen gestellt und mir eine Riesenportion Wiedergutmachungs-Frigga gekocht: Kartoffeln, Bauernspeck, Äpfel, Bergkäse würfelig geschnitten, etwas Zwiebel und was sonst noch da ist. Eine Gailtaler Holzknechtspeise, die nur essen darf, wer sie sich verdient hat. Der Löffel und der Mund sind voll, der Magen füllt sich, meine Freundin melkt nach einem Versöhnungskuss noch meine keuchende Kuh im Halbdunkel, und das Tal ist um eine schöne Alm-Anekdote reicher: »Lieb ist er schon, der Hirte aus Wien, aber so etwas kann nur einem Stadtmenschen passieren!«

Kleiner Hirtentipp aus der Almpraxis:

»Du darfst einfach nicht zu nett zu den Leuten sein!«, erklärte mir mein betreuender Almmeister Christof, als ob Freundlichkeit ein ganz mieser Charakterzug wäre. »Wenn die Leute zu dir auf die Hütte kommen und einen griesgrämigen, mieselsüchtigen Fiesling vorfinden, dann werden sie ihren Besuch kurz halten und sich gut überlegen, ob sie wiederkommen. Vor dir hatten wir einmal einen Hirten, der das perfekt draufhatte!« Aber für derlei Weisheiten ist es für mich jetzt wohl zu spät. – Was mich nicht hindert, sie an dieser Stelle als halb ernst gemeinter Hirtentipp weiterzugeben. Also: Ist dir schnell fad, leidest du an Einsamkeit und hältst Stille für einen Fehler der Schöpfung? Dann geh entweder nicht auf die Alm, oder sei lieb zu den Menschen im Tal und zu denen, die sich zu dir verirren. Dann siehst du sie öfter. Bist du aber auf die Alm gegangen, um endlich einmal deine Ruhe vor dem seichten Dauerfeuer der Zivilisation zu haben, und bist du der Meinung, dass offene Münder nur zum Essen und zum Atmen bei Schnupfen da sind? Dann sei unwirsch, schräg und furchteinflößend. (Psst! – Viele Hirten tun nämlich nur so, als wären sie weltfremd.) Und vor allem: Stell klar, dass auf deiner Hütte im Umkreis von hundert Metern striktes Alkoholverbot herrscht!

XV. Herdentrieb und Herdentreiben

Bauernregel:

»War der Unfall kein sehr schöner,
gibt es nachher Rinder-Döner.«

Handstand-Überschlag

Wenn man es nicht mit eigenen Augen sieht, glaubt man nicht, wozu Kühe geländemäßig imstande sind: Schmale Gratwanderungen, steile Rinnen bergauf und bergab, Felsen und Gestrüpp. All das zwar im Allrad-Kriechgang, aber (fast) immer mit Erfolg. In dem Maß, in dem Kühe auf der Alm an Muskelkraft zulegen und die Beschaffenheit von nassem Gras, Felsen und schlammigen Wegen kennenlernen, werden sie von laschen Stallstubenhockern zu stämmigen Bergsteigern, und es scheint ihnen fast Spaß zu machen, die Grenzen auszutesten. Wenn man den Schlaubergerinnen wirklich zusieht, erkennt man schnell, wie geschickt, mit Augenmaß und keineswegs riskant sie vorgehen. Serpentinen werden eingebaut, um Kraft zu sparen und steile Passagen zu meiden. Manchmal wird das Gelände scheinbar minutenlang beobachtet, bevor eine Entscheidung über die Route gefällt wird. Umso schwieriger ist es, Abtrünnige wieder sicher aus Schluchten und von steilen Graten zurückzuholen. Wie meine einheimischen Lehrmeister Hans und Christof immer sagten: »Am besten lass sie dort. Solange du weißt, wo sie sind, ist ja alles in Ordnung.« Das hat natürlich dann Grenzen, wenn der Rest der Rasselbande hinterherwill.

Ganz erstaunlich ist es, zu erkennen, dass Kühe im Gelände freiwillig keinen Höhenmeter zu viel gehen (siehe auch »Die Angst des Hirten vor dem Stromschlag«). Möglichst flach an den Hängen entlang ins nächste Tal und nicht – wie es Menschen tun – auf und ab über die Kämme und Gipfel. Wo der Mensch lieber um ein Dickicht herumgeht, sieht die Kuh kein Hindernis und marschiert mitten hindurch. Wo ein Bach dreißig Zentimeter tief und drei Meter breit nasse Socken garantiert, wird nicht einmal gebremst – allenfalls für ein Schlückchen Wasser. Die Vorteile eines strapazierfähigen, rissfesten, wasserdicht konzipierten Outfits. Und – bis auf die tieferen Bächlein – lohnt es sich auch für den Hirten, dem hervorragenden Gelände-Navigationssystem der Kühe zu folgen.

Bis zwei Wochen vor Almabtrieb ist meinen Mädels bis auf eine schwere Verletzung, die sich eines der Tiere bei einer gröberen Rauferei in felsigem Gelände zugezogen hat, nichts passiert. Die eine Bedauernswerte musste vom Besitzer abgeholt und leider – wie die Bauern unten im Dorf immer so seelenschonend sagen – »weggegeben« werden. Sie hatte sich einen Hüftbruch zugezogen, so dass es keine Alternative gab.

Morgen soll die Herde von der Hochalm wieder »eine Etage« weiter hinunter auf eine der Frühsommeralmen, wo inzwischen das Gras schön nachgewachsen ist. Und die meisten meiner Damen lungern leider am hinterletzten Zipfel unseres Hoheitsgebiets herum. Immerhin 20 von den verbleibenden 65 lümmeln zwar direkt auf der Wiese, wo ich sie in der Früh haben will. Aber mit den anderen wird das morgen Schwerstarbeit, weil ich allein bin und ohne Hirtenhund. Und ich muss zudem wieder ganz bis nach hinten gehen, wo ich heute Nachmittag, nach erfolgreichem Viehzählen, gerade bin. Warum also nicht die Racker mit dem noch ausständigen Lecksalz auf dem Rückweg zur Hütte schon einmal in die geplante Richtung locken, damit morgen weniger zu tun ist und heut Nacht nicht ein paar in die entgegengesetzte Richtung über die Grenze verschwinden?

Ich schnappe mir also die (neu-)gierigsten Jungmäuler und lege für die anderen eine kleine Hänsel-und-Gretel-Fährte, so dass die Richtung klar ist, in der das bovine Knusperhäuschen liegen muss. Die Sache lässt sich gut an: vierzehn Stück habe ich im direkten Schlepptau. Und wenn ich mich über die Schulter umblicke, scheint sich auch der Großteil der anderen in meine Richtung über den schmalen Pfad am Steilhang entlang in Bewegung zu setzen. Herrlich: So richtig brav im Gänsemarsch trotten sie mir nach, nur mit etwas Salz und meinem Hirtenruf. So soll es sein: Kein Jagen, kein Scheuchen, keine Schläge aufs Hinterteil und vor allem keine Hektik. Alles im gemächlichen Eigentempo der Kühe, damit ja keine in der Hast einen folgenschweren Fehltritt macht.

Eine gute halbe Stunde marschiere ich so in der Nachmittagssonne wie der Rattenfänger von Hameln vor der Herde her, bis die 20 Kühe der »Vorhut« in Sicht sind und das gegenseitige Begrüßungsgemuhe einsetzt. Schnell durchs Gestrüpp den Hang hinaufgelaufen und über den Bergkamm zurück, damit die ersten meinen Richtungswechsel nicht mitbekommen und brav weitertrotten. Natürlich höre ich jetzt auch mit meinem Lockruf auf, sonst rennen sie mir nach. Noch etwas Salz nachlegen will ich, damit vielleicht auch die letzten den Wink mit der neuen Marschrichtung überlauern.

Zu früh gefreut: Unter mir entdecke ich in der Kuh-Karawane eine fünfzig Meter lange Lücke, die immer größer wird: Eines der Leittiere hat es sich anders überlegt und offenbar im nahen Gestrüpp ein paar interessante Kräuter entdeckt, die nicht einfach ungerupft den räudigen Ziegen überlassen werden können. Ihre jugendlichen Anhänger verstellen aber dem Rest der Herde den Weg, und es bildet sich an einer rutschigen, ziemlich engen Passage ein Stau.

Gar nicht gut ist das. Wenn ich jetzt an besagter Stelle seitlich aus dem Gebüsch zu ihnen stoße, kann es sein, dass sie überrascht und erschrocken reagieren und unberechenbar werden. Von hinten den Stau voranzutreiben, ist ebenfalls eine schlechte Idee: Dann schiebt die Nachhut, während die Vorderen noch bummeln, und es kommt zum Unglück. Also schleiche ich mich so schnell und leise wie möglich in die entstandene Lücke, streue etwas Salz auf die Steine am Weg und locke mit meinem Hirtenschrei.

Schon nach den ersten Rufen wird klar, dass die Situation wohl nur noch mit viel Glück gut ausgehen kann. Und dieses Glück habe ich ausgerechnet heute nicht: Drei meiner Mädels stehen auf dem schmalen Weg nebeneinander. Eine will die andere überholen, von hinten drängen die nächsten nach, eine Hornspitze im Hintern will keine haben, und schon beginnt die, die ganz am Rand steht, zu rutschen. Einen Moment lang sieht es so aus, als würden die Sträucher unterhalb des Pfades ihrem Gewicht genug Gegendruck bieten. Aber dann brechen die Äste mit lautem, unheilvollem Knacken. Die arme Kuh rutscht seitlich weg, findet keinen Halt, überschlägt sich kopfüber, fällt tief in die Büsche und bleibt liegen. Gleichzeitig fällt ein riesiger Wackerstein in meine Magengrube.

Bis ich endlich an der Unfallstelle bin, hat sich der gefährliche Stau aufgelöst. Die Herde ist irritiert, marschiert aber brav weiter. Nur »El Torro« (so benannt wegen ihrer spitzen Hörner) liegt dort unten und zappelt. Wäre sie doch am besten gleich tot, fährt es mir durch den Kopf, dann müsste sie nicht so leiden. Ich mache mich beim Abstieg durch das umgeknickte Gestrüpp auf den Anblick einer schweren, offenen Verletzung oder eines im falschen Winkel wegstehenden Beines gefasst. Schließlich hat die Kuh beim Sturz sogar zwei junge Bäume abgebrochen. Ich habe instinktiv schon das Mobiltelefon in der Hand, die Nummer vom Bauern am Display, dem »El Torro« gehört. Das wird furchtbar. Schließlich sind mir alle diese Racker mit ihren Sturheiten und Eigensinnigkeiten über den Sommer sehr ans Herz gewachsen.

Und dann steht das Rindvieh plötzlich auf! Schüttelt sich benommen wie ein gestürzter Skirennfahrer, testet seine durcheinandergeschleuderten Gliedmaßen und klettert wieder auf den Weg zurück. Von Entwarnung ist bei mir allerdings noch keine Rede. Im Schockzustand schafft man vieles, das weiß ich von meinem eigenen letzten Fahrradunfall, bei dem auch ein Überschlag am Ende der Kür stand. Vorsichtig nähere ich mich meinem Sorgenkind, füttere ihm ein wenig Salz aus der Hand, taste seine Beine ab, den Hals und vor allem den weichen, empfindlichen Bauch. Eine ordentliche

Schramme ist dort, wo sie vermutlich den Baum weggeknickt hat. Zumindest das muss scheußlich weh tun und einen kräftigen Bluterguss unterm Fell hinterlassen. Ich stecke das Handy wieder weg und lasse die Bande erst einmal weiterziehen. Denn selbst, wenn die Kuh eine Verletzung hat, ist es immer noch besser, wenn sie näher bei der Hütte, näher beim Forstweg liegen bleibt, wo sie geholt werden kann, statt hier.

In den nächsten zwanzig Minuten lasse ich mein verletztes Mädel nicht mehr aus den Augen. Furchtbar leid tut sie mir, und entsetzlich schuldig fühle ich mich. Ob sie ahnen kann, dass ich ihr das eingebrockt habe, weil ich mir morgen etwas Arbeit ersparen wollte? Nach ein paar Metern auf dem Weg beginnt sie, wie die anderen links und rechts nach Kräutern zu zupfen. Ein Anzeichen, dass ich bei meiner Hüftbruch-Kuh – leider auf umgekehrte Weise – zu deuten gelernt habe: Solange sie frisst, sollte alles okay sein. Dann hat sie keine anderen Sorgen als Hunger. Als wir beim Rest der Herde angelangt sind, verarzte ich die Schramme pflichtbewusst und etwas nachdenklich mit desinfizierendem Spray: Wie sehen wohl die Schutzengel von Kühen aus? Und wie groß müssen deren Flügel sein, um 600 Kilo zum Fliegen zu bringen? Oder sind Kuh-Schutzengel leichter als ihre irdischen Schützlinge?

Kleiner Hirtentipp aus der Almpraxis:

Wenn bei einer größeren Herde ein Standortwechsel ansteht, macht es Sinn, auf Besucher zu warten und sie dafür einzuspannen. Denn wie erwähnt gehen die Tiere zwar gern den Weg des geringsten Widerstands zum Ziel, aber wenn für sie das Ziel (z. B. die höhergelegene Weide) nicht erkennbar ist, wird oft im steilen Gelände nur hin und her gequert. Ein guttrainierter Hirtenhund als Kopilot würde da sehr helfen, steht aber leider nicht immer zur Verfügung. Ein Hirte allein kann bei einer 60- bis 80-köpfigen Herde beim besten Willen nicht hinten und vorne und auf beiden Seiten gleichzeitig sein und die Augen für »Auffahrunfälle« im Mittelfeld offen haben. Versucht habe ich das einmal: Heraus kam, dass ich jeden Weg sechs Mal gehen bzw. laufen musste, was im steilen Gelände dazu führt, dass man vor lauter Erschöpfung am Ende schon buchstäblich auf allen vieren unterwegs ist. Zu dritt oder zu viert ist das hingegen ein Kinderspiel. Und während sich miteinander vertraute Hirten in der Vergangenheit mit Pfiffen und Handzeichen verständigten, kann man heutzutage ruhig das Handy zur Hilfe nehmen.

XVI. Kleine Sünden im Almparadies

Bauernregel:

»Hat die Hütte keinen Strom,
lebt der Hirte autonom.«

Bekenntnisse zwischen zwei Welten

Um hochwertigen Bergkäse unter den Hygienebedingungen herzustellen, die im 21. Jahrhundert gefordert werden, braucht eine bewirtschaftete Alm elektrischen Strom. Die Milch von 100 Kühen wird heutzutage auch auf der Alm mit Melkmaschinen gemolken. Und sie muss anschließend möglichst schnell heruntergekühlt werden, damit sich die natürlichen Bakterien nicht so schnell vermehren und andere, die nicht hineingehören, erst gar keine Chance bekommen. Wer zudem Urlaubern und Wanderern Buttermilch, Joghurt und Frischkäse zur Jause anbieten will, der benötigt einen Kühlschrank. Das ist nun einmal der Preis der heutigen Zeit, in der die gute alte Gebirgsbachkühlung und das kühle Kellerloch auf der Nordseite bestenfalls noch für den Eigenbedarf ausreichen.

Während man vor zweihundert Jahren auf den Dachsteinalmen der Steiermark jedes Eisloch kannte, in dem sich nach kleinen Lawinenabgängen im Winter der viele Meter hohe

Schnee bis in den heißesten August hinein hielt, haben bewirtschaftete Almen heutzutage irgendwo in einem gutversteckten, lärmgedämmten Schuppen ein Dieselaggregat stehen, das zu bestimmten Zeiten des Tages Strom erzeugt. Oder sie sind via Skilift-Erschließung eh schon direkt ans Stromnetz angeschlossen, das im ungünstigsten aller Fälle auch noch Atomstrom aus Tschechien liefert.

Unbewirtschaftete Almen, also solche, wo keine Milchkühe zu versorgen sind und keine Wanderjausen angeboten werden, haben heutzutage in vielen Fällen eine Solaranlage. Das erhöht den Hüttenkomfort ungemein. Und warum sollte es ein Hirte bei seiner anstrengenden Arbeit nicht auch ein wenig komfortabel haben dürfen, wenn er mit moderner Solartechnik direkt und ohne schädliche Einflüsse die Kraft der Sommersonne anzapfen kann. Aber: Wer einmal einen Sommer lang nur mit einer solchen Solaranlage sein Auskommen gefunden hat, der gerät unweigerlich ins Grübeln: Denn mit ein paar kleineren Einschränkungen kommt man auf einmal völlig ohne Stromnetz aus. Sollte das nicht auch daheim möglich sein?

Ebenfalls eine dem Hirten des 21. Jahrhunderts genehmigte Errungenschaft ist das Mobiltelefon. Oft ist es alles andere als ungefährlich, ganz allein im freien Gelände einer abtrünnigen Kuh über steile, taufeuchte Wiesen nachzusteigen. Manchmal wünscht man sich ein Seil zur Sicherung. Manchmal ist man sich bei Nebel auch nicht im Klaren, welche Richtung überhaupt einzuschlagen ist. Manchmal rutscht man ohne Vorwarnung an einer völlig harmlos aussehenden Stelle aus, weil man abgelenkt wird, und ist dann froh, dass noch alle Knochen dran sind.

Die wenigsten Hirten haben nun einmal den Luxus, ihre Tätigkeit zu zweit ausüben zu können, so dass ein Partner zur Absicherung da ist. Heute übernimmt das Mobiltelefon oft diese absichernde Funktion. Dennoch muss man im Alpenraum immer damit rechnen, dass das Handy keinen Empfang hat, wenn man es in einem Notfall braucht. Dafür sind manche Schluchten einfach zu tief und manche Regionen einfach zu wenig erschlossen. Und selbst wenn der Empfang passt, hilft das Telefon auch nicht immer weiter. Zum Beispiel, wenn man nach tagelanger Suche die vermissten Kühe in einer schmalen Rinne gefunden hat, dies den mitsuchenden Helfern mitteilen möchte, aber nicht in der Lage ist, im dichten Nadelwald die eigene Position zu bestimmen:

»Christof, ich hab sie, die Scheißer!«

»Super, wo bist' denn?«

»Ich habe leider keine Ahnung. Irgendwo links vom Bach in der dritten oder vierten Rinne.«

»Na, dann beschreib's doch einfach. Ich kenn mich hier ja aus.«

»Also: Es ist steil, rutschig, sehr grün und alles voll mit Tannen. Oder Fichten. Und ich kann den Himmel nicht sehen ...«

Meistens nützt in solchen Situationen nicht einmal ein herzhafter Jodler – der dann nämlich von sämtlichen Gegenhängen als wunderbar schallendes Echo beantwortet wird.

Bekanntlich kann nur Rumpelstilzchen Heu zu Gold spinnen. Und so musste ich mir nach dem kläglichen Scheitern einiger alchemistischer Versuche etwas einfallen lassen, um daheim in der Stadt die Rechnungen für Wohnung und Auto zu begleichen. Weil, mit dem Hirtengehalt kann sich so ein Doppelleben nur ausgehen, wenn man jeden Sommer auf die Alm geht und daher bereit ist, alles darauf abzustimmen. Im Klartext: das Auto verkaufen und sich eine kleinere Wohnung nehmen.

In meinem Fall, als Hirte für einen Sommer, lag die finanzielle Lösung zum Glück auf der Hand. Ich bin Journalist und habe meinen gutmütigen, für originelle Ideen empfänglichen Chef überredet, dass er eine wöchentliche Kolumne von meinen Almerlebnissen im Wochenendmagazin der Zeitung abdruckt. Erst jetzt, hier oben auf der Alm, wird mir aber so richtig bewusst, was das für Konsequenzen hat. Und damit meine ich nicht die zusätzliche Schreibarbeit.

Wie liefert man pünktlich, wöchentlich eine tippfrische Kolumne in eine 420 Kilometer entfernte Redaktion ab? Per Brieftaube? Das würde zwar trefflich zum Almklischee passen, aber ob die Viecherln die Strecke auch binnen einer Woche schaffen und sich nicht lieber irgendwo auf dem Weg bei Wiener Neustadt einen hübschen Zuchttäuberich angeln, um mit ihm durchzubrennen? Außerdem: Nicht auszudenken, wenn meine exklusiven, zeitgeistigen Almberichte unterwegs in die Hände der Konkurrenz fielen!

Die Wahrheit tut zwar manchmal weh, aber oft fährt man mit ihr am besten: Ich habe meinen Faltcomputer mit und eine Mobilfunkkarte, um Text und Bilder ganz im Stil des 21. Jahrhunderts per Internet nach Wien zu schicken. Auch meine Hütte – da werden die Romantiker und die Hardcore-Puristen enttäuscht sein – ist mit einer kleinen Solaranlage ausgestattet, die mit Hilfe einer großen 12-Volt-Lkw-Batterie an Sonnentagen genug Strom speichert, um damit noch ein paar Stunden in die abendliche Dunkelheit hinein zwei bis drei Energiesparlampen zu betreiben. Also flugs den Strom von der Lkw-Batterie fürs Laden des Laptop-Akkus abgezapft, und schon hat man sich ein Stück Großstadt auf die Almhütte geholt; mit allen seinen Möglichkeiten und Versuchungen.

Hin und wieder eine E-Mail an Freunde und Familie zu schreiben, mag noch eine lässliche Sünde sein. Aber der altersschwache Akku des vergreisten Redaktions-Laptops beginnt immer mehr Strom fürs Laden zu verbrauchen und liefert dafür konsequenterweise auch noch immer kürzere Laufzeiten. Jetzt muss ich notgedrungen doch mit Hilfe der letzten Funken Strom den weltweiten Wahnsinn für eine Problemlösung heranziehen. Schließlich kann ich in letzter Zeit nur noch bei strahlendem Sonnenschein an meinen Texten arbeiten, und sobald sich auch nur ein winziges Schönwetterwölkchen zwischen die Sonne und das esstischgroße Solarpanel am Hüttenzaun schiebt, beginnt der Spannungswandler hysterisch Alarm zu quietschen, um die zwangsweise Abschaltung des überforderten Systems in den nächsten Sekunden anzukündigen.

Statt meinem Chef wahrheitsgemäß zu sagen, dass ich leider die Kolumne nicht mehr liefern kann, weil ein unverschämtes Adriatief in den nächsten zwei Wochen dichte Wolkenmassen über meine Hütte schiebt, bestelle ich also kurzerhand einen Ersatzakku über das Internet. Zum Online-Bestpreis aus Holland. Von meiner Alm aus. Mit Lieferadresse bei meinem Almmeister Christof unten im Dorf. Bestellt und mit Kreditkarte bezahlt in weniger als zehn Minuten. Der totale Informationszeitalter-Irrsinn! Wahrscheinlich könnte man von hier oben – vorausgesetzt, die Sonne scheint – auch nach dem Melken Aktien an der Börse von New York in Echtzeit kaufen und verkaufen.

Das Hexenwerk nimmt seinen Lauf: Als Christof beim nächsten Mal mit dem Traktor den langen Weg hinauf zur Hütte tuckert, hat er in der Gerätekiste neben Kartoffeln, ein paar Äpfeln und einem Sensenschleifstein tatsächlich ein Paket aus Amsterdam dabei: meinen Ersatzakku. Die Kolumne ist zwar gerettet, trotzdem ist die Lkw-Batterie komplett ausgesaugt und muss noch einmal ordentlich aufgeladen werden. Den schweren Bleikasten also abmontiert und mit dem Traktor ins Tal gebracht zur Tankstelle, dort 24 Stunden ans Netz gehängt und wieder zurück damit auf die Alm.

Ich erzähle all das so detailliert, weil es mir auf erschreckende Weise deutlich macht, wie abhängig ich doch noch immer von der Zivilisation bin und wie selbstverständlich ich – bei allen Versuchen, hier oben einfach und bescheiden zu leben – wieder auf sie zurückgreife. Ein Bedürfnis ergibt ein anderes: Strom? Kommt aus der Steckdose. Heutzutage auch auf fast jeder Alm. Klar könnte ich abends beim Schein einer Öllampe lesen und schreiben oder einfach den Tag so einteilen, dass ich bei Einbruch der Dunkelheit schlafen gehe. Aber wenn es anders geht, greift man natürlich zu. Und ärgert sich schon wieder, wenn bei Regenwetter die wöchentliche Mail an die Familie nicht geschickt werden kann oder man mit dem Handy auf dem Jausentisch vor der Hütte stehen muss, um guten Empfang zu haben, ohne darüber nachzudenken, was man da eigentlich tut.

Das ist schon wieder pervers und macht den ganzen schönen Almgedanken zunichte? Nein, das ist okay so. Zumindest für mich. Für mich ist mit diesem Sommer ein Traum Realität geworden, und es ist nun einmal eine wackelige Brücke zwischen diesen meinen zwei Welten, auf der ich einige Male während dieser Monate hin- und herlaufen muss und die ich nicht einfach ohne Konsequenzen abreißen kann. Und soll. Denn das Handy kann man daheim, wie auf der Alm, selber abdrehen, den Computer auch. Nur tun muss man es. Und so ergibt sich plötzlich eine ehrlichere Sicht auf das manchmal recht heuchlerische Geseufze über das eigene hektische Leben: Ich entscheide, wo es langgeht und auf welchen Luxus, welche Schwächen und Versuchungen ich mich einlasse. Wenn ich Handy, Computer, Fernsehen, Radio und Kühlschrank auf der Alm haben will (wohin ich eigentlich vor all diesen Dingen flüchten wollte), dann geht das heutzutage. Auch auf der einsamen Südsee-Insel oder in der abgelegensten Eremitage des Mönchsbergs Athos. Meine Entscheidung.

Aber wenn diese Dinge anfangen, am idyllischsten Fleckchen Erde meinen Alltag zu verändern, ihn stufenlos beschleunigen, dadurch zwangsläufig oberflächlicher machen und ihn letztendlich genauso bestimmen wie an jenem Ort, dem ich den Rücken kehren wollte, dann bin ich auch selber schuld. Daran, dass auch die Alm ihren Reichtum für Körper, Geist und Seele nicht mehr ausschüttet, sondern zum Zweitwohnsitz eines unverbesserlichen, fremdgesteuerten Stadtmenschen geworden ist. Vom Regen in die Traufe.

Und wenn ich schon beim Gestehen bin: Mein Bruderherz brachte bei seinem Besuch nach zwei Monaten seinen DVD-tauglichen Laptop, eine Spielfilm-DVD und eine Portion Popcorn mit, um mir all das an einem regnerischen Nachmittag als kleines Alm-Auszeit-Zuckerl zu servieren. »Fluch der Karibik« mit dem herrlich verrückten Johnny Depp, in Originalfassung. Das war wirklich dekadent, aber schwer genial ...

Kleiner Hirtentipp aus der Almpraxis:

Diesmal ein brandneuer Tipp für das 21. Jahrhundert, bei dem ich vermuten würde, dass ich der erste Hirte bin, der ihn angewendet hat. Auch Bergschuhe kann man nämlich online über das Internet kaufen. Ein Hirte braucht gute, hohe, verdammt stabile Bergschuhe. Er geht querfeldein, Luftlinie, bei jedem Sauwetter. Und gute Bergschuhe sind teuer. Als meine Wanderschuhe von daheim nach relativ kurzer Zeit begannen, sich aufzulösen, habe ich mir mit meinem solarbetriebenen Laptop von der Alm aus nach ein wenig Online-Sondieren neue bestellt. Sie wurden binnen vier Tagen geliefert. Und einer meiner Viehbauern hat sie mir bei seinem Sonntagsbesuch aus dem Tal mitgebracht.

Exkurs

Was braucht es schon zum Glücklichsein? – Checkliste für den Alm-Öhi

Als ich vor dem Almsommer darüber nachdachte, was ich alles auf die Hütte mitnehmen sollte, wurde mir erst sehr spät klar, dass es eigentlich nicht darum geht, zu überlegen, was man alles brauchen könnte, sondern was man eigentlich alles nicht braucht. Es ist eine ganz besondere Zeit auf der Alm, in der man auf eine ganz spezielle Weise lebt und – so erstaunlich das klingt – eigentlich nichts mitbekommt vom Leben im Tal. So schrauben sich auch die Bedürfnisse von allein zurück. Selbst bei Dingen, bei denen man sich tagelang ärgert, weil man tatsächlich vergessen hat sie einzupacken, findet sich immer eine Lösung, ohne sie auszukommen. Im Hinblick auf den mitzuschleppenden Hausrat ist die tollste Viehalm eigentlich die, bei der man alles stundenlang auf dem eigenen Buckel hinaufschleppen muss. Man nimmt nur das Nötigste mit, da ja vieles davon (auch der nicht verbrennbare Müll) wieder auf demselben Weg zurück ins Tal muss. Wer mit dem Auto eine Zufahrtsmöglichkeit bis zu seiner Hütte hat, wird auch niemals das Gefühl erleben, eigentlich auf fast alles verzichten zu müssen und trotzdem rundum glücklich zu sein.

Ich persönlich bin stolz darauf, gelernt zu haben, mich in Abkehr von TV, Internet und Zeitungen stundenlang mit einem Taschenmesser und dem Kopfstück meines Hirtenstocks zu beschäftigen, ohne dabei einen Finger einzubüßen. Heraus kam ein grinsendes, zylindertragendes Männchen, das mich auf meinen einsamen Wanderungen vom und zum Vieh begleitet und in Anlehnung an den Film »Cast away« (»Verschollen«; mit Tom Hanks) den schönen Namen »Wilson« trägt.

Was einzupacken ist von A wie Alufolie bis Z wie Zeitungen

Alufolie – Perfekt zum schnellen Einzelverpacken hastig zusammengestellter kleinerer Jausen (Kartoffeln, Speck, Käse, Salz ohne Salzstreuer, Brotscheiben), aber auch zum klebefreien Abdecken größerer Hautabschürfungen und Brandverletzungen (wenn gerade nichts Sterileres zur Hand ist). Alufolie wird nach Gebrauch auch auf der Alm am besten separat gesammelt und zurück ins Tal mitgenommen.

Apotheke – sollte definitiv Brandsalben, Heilsalben, Antijuckreizsalben, entzündungshemmende und durchblutungsfördernde Salben, Desinfektionsmittel, Pflaster, Verbände, Mullbinden, Befestigungs-Tape, Aspirin, Halswehtabletten, Kalzium gegen unvorhersehbare allergische Reaktionen, Schmerztabletten (und bestimmt noch einiges, das ich hier vergessen habe) enthalten – wobei viele vergleichbare Heilmittel bei etwas Kräuterkenntnis auch aus der Natur zu bekommen sind. Nicht, dass man all diese Dinge in einem Sommer brauchen würde, aber vieles davon möglicherweise schon ...

Batterien – Für manche Dinge braucht man sie leider einfach. Wenn sie leer sind, gehören sie aber unbedingt fachgerecht im Tal entsorgt. Noch besser sind Batterie-Akkus, die man wieder auffrischen kann, wenn man eine Solaranlage hat.

Behälter für die Küche – Heidel-, Him- oder Brombeermarmelade einkochen, getrocknete Pilze oder Teekräuter aufheben oder einfach nur Salz und Zucker wasser- und fliegendicht aufbewahren: Alte Marmeladegläser tun auf der Alm einen hervorragenden Dienst. Oft sind kleine Kunststoffflaschen (von Mineralwasser oder Ähnlichem) aber auch die noch bessere Alternative, weil bruchfest und leicht.

Beschriftungen für Küchenbehälter – »Hmm, ist das Altöl vom Traktor, Johanniskrautöl oder doch der Honig vom Bauern?« Es ist leider wirklich schon vorgekommen, dass ein Hüttenwirt seinen Gästen statt dem Obstler Ammoniak für den Geschirrspüler im Stamperl kredenzt hat. Klingt lustig, ist es aber nicht. Die ganze Partie landete im Spital. Abgesehen davon, dass ich mich bis heute frage, ob man wirklich so besoffen sein kann, nicht an dem Getränk zu riechen, das man sich hinter die Binde kippt. Langer Rede kurzer Sinn: Aufkleber (oder: »Pickalan«, wie »meine« Kärntner vermutlich sagen ...) können Leben retten. Es schadet auch nix, wenn man nicht erst kosten muss, um das Steinöl zur Zitzenbehandlung vom Kürbiskernöl der steirischen Verwandtschaft zur Salatbehandlung zu unterscheiden.

Bücher – »Diesen Klassiker wollte ich immer schon lesen, bin aber letztes Mal nach der ersten halben Seite darüber eingeschlafen …« – Solche Bücher sollten Sie definitiv mit auf die Alm nehmen. Denn, selbst wenn man sie nicht liest, wird man zumindest durch sie gezwungen, mangels anderer Alternativen etwas anderes Lästig/Nützliches zu erledigen, wenn einem einmal furchtbar fad wird. Scherz beiseite: Gute Bücher können lange Abende am Herdfeuer zum unübertrefflichen Genuss machen. Ein kleines Kochbuch, ein Pilzbuch, ein Sternenbuch, ein Vogelkundebuch und vielleicht sogar ein kleiner Gedichtband, den man sonst nie anschauen würde, schaden ebenfalls nicht. Vorausgesetzt man »dazaht« das alles (hat also gewichtsmäßig keine Probleme beim Transport).

Feldstecher – oder Fernglas. Je kleiner (und trotzdem leistungsfähig), desto besser. Ideal wäre eigentlich ein besseres Opernglas mit Outdoor-Robustheit. Zum Kühezählen (siehe Kapitel XVII) ist er fast unentbehrlich. Aber auch ganz fein (und unterhaltsam) beim Beobachten von Murmeltieren, Touristen, Gemsen, verliebten Pärchen, dem Kirchtag des Nachbardorfs unten im Tal und zum Erspähen (mit einem guten Gerät), wie viel Bier die zwei Jungdörfler auf der gegenüberliegenden Alm in einer Stunde trinken. In manchen Momenten fühlt man sich dann ein klein wenig wie der allwissende Oberhirte persönlich …

Fetzen – (zu Deutsch auch: »Lappen« oder »Lumpen«). Unglaublich, wofür man alles Fetzen brauchen kann! Irgendwo ist immer etwas abzuwischen. Und da man auf der Alm immer auf verschiedenen Hygiene-Ebenen arbeitet, ist der Fetzen für den Abwasch später noch gut für den Boden oder für den Stall zu verwenden. Zusätzlich dazu ist ein Satz Haushaltspapierrollen immer gut. Speziell, wenn man eine Milchkuh zu betreuen hat, deren Euter bei jedem Melken ordnungsgemäß gereinigt gehört.

Fieberthermometer – Frosteinbrüche und stundenlange durchnässende Regenwanderungen passieren leider. Und dann sollte man wissen, was Sache ist.

Geschirr – Auch die kleinste, abgelegenste Almhütte hatte irgendwann einen Vorbewohner, der zu faul (oder zu wohlhabend) war, all seinen mitgebrachten Hausrat am Ende seines Aufenthalts wieder mit ins Tal zu nehmen. Dadurch ergeben sich oft sehr abenteuerliche Geschirr- und Besteckansammlungen (28 verschiedene Buttermesser, aber keine einzige Gabel). Wenn man sich vorher schlaumacht, was (genau!) oben ist, erspart man sich unnötige Schleppereien und muss nicht mangels Dosenöffner mit der Axt auf die Sardinen (oder die zum Kaiserschmarrn gedachten Ananasscheiben) eindreschen.

Geschirrspülmittel – Auf einer einsamen Insel könnte man diesen Job auch mit Sand erledigen, aber der ist bekanntlich auf 1500 Meter eher rar.

Grillstarter – Ein Fall von akutem, heimlichem »Pssst! Bloß nicht verraten!«. Hand aufs Herz: So ein Familienpaket mit Grillanzündern kann einem nicht direkt aus der Steinzeit hergebeamten, frischgebackenen Großstadt-Viehhüter das Leben mit einem abzugsschwachen Holzofen sehr erleichtern. Auch die Papp-Innenstücke von Haushaltspapierrollen sollte man zum Feuerstarten aufheben – sozusagen als kleiner Kaminabzug im Kamin, in den man ein paar Holzspäne einfüllt. Irgendwann wird der Neo-Hirte sein Feuerchen aber schon aus Stolz ohne solche pyrotechnischen Stützräder auf Touren bringen.

Handmixer (manuell!) – Wenn Sie noch eines dieser Dinger daheim haben, das mittels Handkurbel über ein Zahnrad zwei Quirle in Bewegung setzt, bloß nicht wegwerfen. Wenn es ein Ebay für Viehhirten gäbe, könnte man damit Höchstpreise erzielen! Klar kann man das Mixen und Schlagen in der Küche auch irgendwie mit einem Löffel machen, aber der Quirl ist schon viel bequemer. Und wenn man dann irgendwann im Herbst im Tal wieder Strom hat, zaubert der elektrische Mixer bei jeder Verwendung ein Lächeln ins Exviehhüter-Gesicht.

Handschuhe – machen in der Almküche (in der Gummiversion) definitiv zum Geschirrspülen Sinn. Erstens kann man das Wasser zum Reinigen des Milchgeschirrs dann ruhig ein bisschen heißer machen, zweitens schonen Handschuhe die nicht zu vermeidenden kleinen Wunden an Fingern und Händen. Auch beim Backen und bei der Stallarbeit machen Schutzhandschuhe (natürlich nicht dieselben) durchaus Sinn. Zumindest am Anfang bremst man dadurch das Verletzungsrisiko und die Blasenbildung an den noch zarten Stadthirten-Händen.

Handtücher – sowohl zur Jause in der Wiese als auch zum Abtrocknen nach der Katzenwäsche sowie unter Umständen zum Geschirr- und Besteckabtrocknen. Handtücher sind ein bisserl mühsam zum Waschen (wenn sie wirklich sauber werden sollen), deshalb sollte man hier lieber ein oder zwei mehr mitnehmen und die jeweils schmutzigen einem vertrauten Besucher für die Waschmaschine im Tal mitgeben. Besonders waschfaule Viehhüter teilen sich sogar jedes Handtuch ein (wie in Kapitel XIII erwähnt): Trocknet man sich in der oberen Hälfte ab, dann sind wirklich alle Ruß- und Melkfettreste beseitigt (weil man sich jetzt z. B. gerade die Kontaktlinsen einsetzen muss). Trocknet man sich an der Unterkante des Handtuchs die Hände ab, dann diente die Wäsche nur der groben Schmutzbeseitigung, und man zieht sich jetzt als Nächstes ohnehin die Bergschuhe an und geht zum Vieh.

Kerzen – sind immer etwas sehr Feines auf einer abendlichen Almhütte. Zum Lesen sind sie aber nicht wirklich hell genug und für draußen nicht ausreichend windbeständig. Daher vielleicht doch lieber über lichtstärkere Petroleumlampen oder batteriebetriebene Leuchtstoffröhren nachdenken. Bei Kerzen sollte man natürlich immer wie ein Haftelmacher auf Standort und Untergrund achten, damit nicht der Hüttendachstuhl zum Sonnwendfeuer wird.

Kisten – Für unterschiedliche Hackgrößen von Feuerholz oder zum Sammeln von Altpapier und Altwäsche können schlichte Kartonkisten eine große Ordnungshilfe sein. Ich hatte zum Beispiel in aller Frühe mit meiner morgendlichen Feinmotorikschwäche keine Lust, beim Feuermachen erst umständlich kleine Holzspäne vom Boden um den Hackstock aufzusammeln. Einmal zusammengekehrt und in eine Kiste geschaufelt, konnte ich mich jeden Morgen direkt beim Herd bequem mit einer Handvoll bedienen.

Kleidung, untenherum – Also von innen nach außen: Unterwäsche, klar. Nicht zu viel, weil Wäschewaschen muss man hier oben sowieso. Und darüber: Dirndl und Minirock (von Hirtinnen getragen) kommen bei Jägern und Jungbauern immer gut an, reduzieren aber auch stark die erhoffte Einsamkeit. Beides ist daher mit Bedacht einzusetzen, genauso wie der nackte Oberkörper des frisch gestählten Hirten beim Holzhacken vor der Hütte. Praktisch: Alte Jeans, die man je nach Bedarf im Kniebereich abschneiden kann (bedeckte Knie schonen die Haut beim Querfeldeingehen) und nach ausgiebigem Gebrauch (spätesten wenn man sie neben das Bett stellen kann) verbrennen oder wegwerfen sollte. Ansonsten: Am besten abzippbare, leichte Trekkinghosen gepaart mit langer Unterwäsche, wenn es im Herbst empfindlich kalt wird.

Kleidung, obenherum – Ein interessantes Gefühl: Die kommende Sommerkollektion kann einem komplett wurscht sein. Die Kühe interessiert's nicht, und bei den gelegentlichen Einkäufen an der Kasse flirtet sich's auch so mit der Kassiererin – die ist Bauernoutfit mit dezenten Mistapplikationen und Heu-Epauletten sowie Eau de Kuh gewöhnt. Also: T-Shirts (meine persönlich bevorzugte Nutzungsmethode siehe Kapitel XIII), eventuell das eine oder andere Hemd. Und bei den Mädels der Schöpfung kommt es, wie gesagt, immer darauf an, ob sie auch im selben Sommer noch heiraten wollen oder nicht.

Kleidung gegen Schlechtwetter – Anfänger erkennt man daran, dass sie einen Regenschirm im Gepäck haben. In der Praxis wird man eine Kappe oder die Kapuze der (hoffentlich imprägnierten) Regenjacke aufsetzen. So unkleidsam sie aussieht: Wenn einen der Wind damit nicht davonweht, ist eine Pelerine eine super Sache. Denn man kann gleich den Rucksack trocken darunter mitnehmen. Ebenfalls eine feine Angelegenheit: der ortsübliche Filzhut. Ehrlich, ich hätte mir das nie gedacht, aber das Ding (das mir von einem wohlmeinenden weiblichen Witzbold vor Almauftrieb geschenkt wurde) blockt stundenlang das Wasser ab, hält außerdem warm und vor allem (im Gegensatz zur Kapuze): Man hört noch alles um sich herum, was wichtig ist, wenn man nach verschollenen Kühen fahndet.

Lieblingskaffeetasse – hilft ungemein gegen Heimweh beim Eingewöhnen in den haarsträubend schwierigen ersten Tagen.

Lieblings-CD – Okay, wenn man schon ein Radio auf der Alm hat, möglicherweise mit CD-Spieler, warum nicht auch ein paar Stimmungs-CDs? Bei mir war es ein Mozart-Klavierkonzert, das an einem einsamen, leicht gewittrigen Abend eine schier unglaublich schöne Stimmung in meine bescheidene Hütte zauberte. Für den Gänsehauteffekt hätten es auch die Nine Inch Nails, Joe Satriani, Dave Brubeck, Sade, Barbara Thompson oder Ludovico Einaudi sein können, aber es war eben Mozart.

Nähzeug – Wenn man sich beim Schleifen der Sense (wie ich) den halben Daumen absäbelt, sollte man das Nähen lieber dem nächsten Arzt überlassen. Socken, Hemd- und Hosenknöpfe und jede Art von aufgerissenen Nähten vertragen aber hin und wieder einen Renovierungsversuch (das kleine Gratis-Set vom letzten Hotelaufenthalt reicht da völlig).

Radio – Braucht man eigentlich nicht, wenn man sich für Stille und Einsamkeit entschieden hat. Manchmal kann diese aber doch erdrückend sein und ein kleines Radio Wunder wirken.

Rasierer – Osama bin Laden hatte auf seiner Alm in den pakistanischen Alpen ganz offensichtlich keinen dabei. Je nach Weltanschauung kann man aber auch auf einer mitteleuropäischen Alm das Rasieren ganz lassen. Oder man greift auf Klinge und Schaum zurück, was Erstlingstäter vorher in Nähe eines Spitals zur Erstversorgung von Blutungen ein paar Mal ausprobieren sollten.

Schnaps – Es ist von Anfang an wichtig, einen guten Eindruck zu hinterlassen. Man weiß nie, warum ein bestimmter Besucher noch einmal von Bedeutung sein könnte. Das Anbieten eines Schnäpschens (egal, ob es 7 in der Früh oder 7 am Abend ist) gehört auf der Alm zu diesen »guten Eindrücken«.

Schreibzeug – Kugelschreiber und Schreibstift sind gut, ein Bleistift ist in der Regel besser: Er lässt sich mit einem Taschenmesser anspitzen, ist leicht, darf verloren werden, und das Geschriebene verrinnt nicht im unerwarteten Platzregen.

Schuhe – Manolo und Boss dürfen daheim bleiben. Unbedingt ein Paar deutlich über den Knöchel gehende Wanderschuhe, auf jeden Fall ein Satz Gummistiefel mit gutem Profil (für den rutschigen Stall und Ausflüge im strömenden Regen), zusätzlich vielleicht ein Paar geländegängige Sandalen (ja, so was gibt es) und kuschelige Hüttenschlapfen. Mehr braucht's eigentlich nicht.

Socken – Es können auch ein paar dickere dabei sein. Man sollte aber bei der Menge nicht unbeachtet lassen, wie viel man dann nach einer Eingewöhnungszeit in geländetauglichen Sandalen oder einfach barfuß unterwegs ist. Es gibt ja auch inzwischen genügend Urlauber, die – einem neuen Trend folgend – auf eigens dafür präparierten Pfaden barfuß lustwanderln.

Sonnenschutz – Sonnencreme und After-Sun-Lotion dringend empfohlen. Es ist ein riesiger Unterschied, ob man nach vier Tagen Jesolo für die restlichen zwei Tage auf den Sonnenschutz verzichtet, weil sich die Haut gewöhnt hat, oder ob man mehrere Monate lang jeden Tag einer erhöhten UV-Strahlung am Berg ausgesetzt ist. Die Haut leidet, auch wenn man schön älplerisch gebräunt ist. Und man sollte eigentlich immer einen hohen Schutzfaktor benützen, wenn man nicht mit 30 wie 45 aussehen will. Wer zur empfindlichen Haut zudem noch unter schütterem Haar leidet: Ein Patzerl Sonnencreme auf die Kopfhaut funktioniert tadellos, wenn man an heißen Tagen keinen Hut gegen die Sonnenglut tragen will. Die Haare lassen sich nachher ja auch wieder waschen (dazu muss man allerdings wieder einmal erst die Hacke schärfen, um Holz zu hacken, um Feuer zu machen, um das Wasser zu erhitzen ...).

Spiele – Trotz des täglichen Fangen- und Versteckspielens mit den Kühen hat man gelegentlich das Bedürfnis nach echtem Zeitvertreib. Alpengolf ist hier eine willkommene Abwechslung, wenn man allein ist. Dazu braucht man nur eine Sense (die wir Städter ja oft zum ersten Mal in der Hand halten) und reichlich Unkraut wie Ampferstauden oder Brennnesseln um die Hütte. Die Sensbewegung ist der beim Flachlandgolf-Abschlag recht ähnlich (vielleicht nicht ganz so verkrampft), es entfällt die Frustration, weil es keine Platzreife, kein Handicap und keine Zuschauer gibt, und auch das lästige Suchen der Bälle ist hier oben kein Thema. Und während man beim Golfen peinlicherweise oft mehr Grünzeug tötet als Bälle trifft, so ist dieser Effekt auf der Alm sogar höchst willkommen. Was das an aufgestauten Aggressionen abbaut, so ein richtiges Massaker unter hochaufragenden, riesenblättrigen Ampferpflanzen anzurichten, einfach herrlich! Als Schlechtwetterspiele für die Hütte sind traditionelle Würfel und Karten (wenn man ein paar Spielarten kennt) mehr als ausreichend. Das Spiel: »Wer fängt in fünf Minuten mehr Fliegen« mit anschließendem Wieder-frei-Lassen ist auch sehr unterhaltsam. Vor allem, wenn der Besucher eine Wespe erwischt. Ansonsten ist all jenes gut und fein, das man gepäckmäßig unterbringt. Hütten-Trinkspiele lernt man früh genug ...

Taschenlampe – macht großen Eindruck auf Kühe, wenn man mal nach Sonnenuntergang für Ordnung sorgen muss.

Grundsätzlich wird man eine Taschenlampe aber zum nächtlichen Gehen im freien Gelände selten wirklich brauchen, da das Mondlicht für das adaptierte Auge völlig ausreicht. Wenn es schon dämmert und man sich beim Heimweg verkalkuliert hat, ist es aber im dichten Wald und im felsigen Gelände immer gut, eine kleine Taschenlampe dabei zu haben. Stirnlampen (gibt es schon sehr energiesparend und langlebig mit Leuchtdioden) sind hier eine tolle Sache, da man trotzdem beide Hände frei hat. Allein schon, um unbekannten, spätabendlichen Besuchern der Hütte beim Öffnen der Tür »unabsichtlich« direkt ins Gesicht zu leuchten und sich dadurch einen kleinen Hausherren-Vorteil zu verschaffen ...

Taschenmesser – Großstadthelden haben neben ihrem (sinnlosen) Geländewagen auch meist (in diesem Umfeld ebenso sinnlos) einen Leatherman oder den traditionellen roten Schweizer Alleskönner dabei. Auf der Alm kann man ein gutes Taschenmesser (und zwar durchaus auch den Mega-Alleskönner mit Lupe und Zange) aber sehr gut gebrauchen. Ständig gibt es irgendwas zum Abschneiden oder Stutzen, einen Zaun zu reparieren, einen Draht zu biegen, einen abgerissenen Fingernagel zu feilen, eine Pflanze auszustechen oder einen Splitter aus der Hand zu zupfen. Der Hirte von Welt hat allerdings meist nur einen einfachen »Hirschfänger« einstecken, den dafür in einer Schärfe, die es mit jener eines Samuraischwerts aufnehmen könnte.

Toilette – Natürlich sind nach Bedarf und Belieben die Standards wie Zahnbürste und -paste, diverse Cremes, Gels und Wässerchen zur Befriedigung der persönlichen Eitelkeit mitzunehmen. Parfum wird eher sinnlos sein, da es in Verbindung mit dem überall unterschwellig vorhandenen Kuhgeruch sehr eigentümliche Mischungen ergeben kann, die hauptsächlich auf Fliegen und Stechmücken anziehend wirken. Natürlich Seife, Zahnseide (wegen des vielen guten Specks), Nagelschere, Ohropax (wegen des Kuhgeläuts und frühaufstehender Jäger).

Waage – für das eigene Körpergewicht braucht man ganz bestimmt keine – es sei denn, der Almaufenthalt ist eine getarnte Diätkur. In der frischen Höhenluft mit viel Bewegung verbrennt man automatisch mehr als daheim. Zunehmen wird man also eher nicht. Die empfohlene Waage ist denn auch eine Küchenwaage. Am einfachsten zu bedienen (für Laien wie mich) ist so eine kleine handliche elektronische Waage, mit der man gleich das Gewicht für die Schüssel (z. B. beim Zutatenzusammenstellen für Brot oder Striezel) abziehen kann. Die Batterien halten locker den ganzen Sommer lang.

Zeitungen – sind etwas wirklich Feines und Nützliches auf der Alm. Selbst eine fünf Tage alte Zeitung ist – bei Mangel an anderen Informationsquellen – höchst kurzweilig. Oft merkt man sogar erst bei der Lektüre des Wetterberichts, dass die Zeitung schon vom Frühling des Vorjahres stammt. Tageszeitungen (nicht Hochglanz-Magazine!) sind außerdem hervorragend geeignet zum Feuermachen, zum zusätzlichen Wärmeisolieren, falls man bei einer Viehwanderung den Extra-Pullover vergessen, aber die Börsenkurse mit dabei hat, und zum nachträglichen Ausstopfen nasser Bergschuhe.

Getrost daheim lassen kann man hingegen:

Abendkleid und Smoking – es sei denn, die Kühe laden zur Quadrille.

Armbanduhr – braucht man einfach nicht.

Elektrorasierer – der Rüssel des Hausschweins ist leider keine Steckdose.

Parfum – lockt nur Fliegen und Jäger an.

Schmuck – auf jeder Blumenwiese leuchten schönere Edelsteine.

XVII. Das große Einmaleins des Viehzählens

Bauernregel:

»Trinkt der Hirt beim Viehzähl'n Bier,
braucht er Bleistift und Papier.«

Höhere Mathematik

Was ist hier los: Ein Mann steht auf einen großen Holzstab gestützt regungslos auf einer Almwiese. Sein Blick ist in die Ferne gerichtet, schweift über eine Herde von Kühen, die er im Einzelnen nicht wirklich wahrzunehmen scheint. Das Gesicht ist ausdruckslos, und nur der Kopf wippt fast unmerklich ein wenig auf und ab, während über seine Lippen beinahe lautlos unverständliche Silben zu huschen scheinen. Sind es Zauberformeln? Meditiert hier ein Magier alter Schule? Ist's gar ein im Stehen schlafender Berggeist? Oder ein verwirrter deutscher Urlauber mit Sauerstoffmangel? Nein (der Leser wird es sich schon gedacht haben), es ist höchstwahrscheinlich nur ein Viehhirte – beim Zählen seiner Herde.

Zu diesem Thema passt auch ein alter Witz, der so geht: Wie zählt der Bauer seine Kühe? – Er rechnet alle Beine zusammen und dividiert sie dann durch vier.

In meinem Sommer als Viehhüter muss ich feststellen,

dass da mehr dran ist, als man im ersten Moment glauben mag. Kühe zählt man am besten nicht aus der Nähe. Sie sind gierig und neugierig sowieso, und wenn man sich in ihre Mitte stellt, dann kommen sie meistens anmarschiert, um zu schnuppern und zu schleckern. Dass ist dann so, wie bei einer von Gelsen und Fliegen umzingelten Straßenlaterne an einem lauen Sommerabend: keine Chance, da irgendwas zu zählen!

Die naheliegende Erkenntnis: Kühe zählt man am besten von einem Hügel aus. Und um den Überblick zu bewahren, macht es wirklich Sinn, wie im Kindergarten den Zeigefinger auszupacken und auf jedes Viecherl einzeln zu deuten. Dann muss man vielleicht nur drei Mal wieder von vorne anfangen.

Kühe stellen sich nicht nur gerne ins Gebüsch, so dass eisbergartig nur das linke Ohr oder der Schweif herausschaut oder einfach nur ein weißbrauner Fellfleck. Sie verstecken sich auch sehr gerne hintereinander, posieren dann perfekt deckungsgleich wie eine Kuh mit zwei Köpfen und führen damit jeden flüchtig zählenden Viehhüter hinters Licht. Einziger Trick, der da tatsächlich ziemlich gut funktioniert: Schau den Mädels auf die Beine, Hirte! Siehst du dort mehr als vier, war entweder im Schnaps vom Bauern zu viel Vorschuss drinnen oder zwei der Damen versuchen gerade Breughels Bauernhochzeit nachzustellen.

So richtig lästig wird es aber eigentlich erst, wenn wirklich eine oder mehrere Kühe ein paar Tage lang abgehen. Das sollte man dann natürlich dem betroffenen Bauern melden. Aber wie findet man bei knapp 80 Kühen in der Praxis heraus, welche die abgängige ist? Natürlich: Ein guter Hirte kennt seine Kühe und weiß schon, dass ihm – sagen wir – »die große Fleckkuh mit dem einen krummen Horn und dem dunklen Muttermal auf dem Euter« abgeht. Nur: Wem die jetzt genau gehört und vor allem welche Ohrmarkennummer sie hat, das steht auf einem gänzlich anderen Blatt. Nämlich auf der Viehauftriebsliste, die man bei Almauftrieb von den Bauern bekommen hat. Und so muss man dann leider wirklich wie in einem Supermarkt-Warenlager ganz hirtenuntypisch mit Bleistift und Papier durch die Rinderreihen schreiten, jede Ohrmarke ablesen (Gott, haben manche Viecher viele Haare in den Ohren!), diese in der 20-seitigen, nach Höfen geordneten Aufstellung abhaken, hoffen, dass man sich nicht vertut und wirklich genau die eine übrig bleibt. Nämlich die mit dem Muttermal am Euter, die man in der hirteninternen besitzerneutralen Schützlingsliste nur als »Sommersprosse« führt.

Viehzählen als Außenstehender zu beurteilen, ist ein bisschen so, wie »Wer wird Millionär« daheim vom Sofa aus zu sehen: Sie sind sich verdammt sicher, dass der Keyboarder von Deep Purple Don Lord hieß, aber würden sie auch 50000 Euro darauf verwetten? Dann doch lieber ein paar Joker dafür verheizen, um absolute Klarheit zu gewinnen, oder? Beim Viehzählen gibt es keinen Joker. »Fragen wir doch das Publikum: Verbergen sich in dem Staudenwäldchen am Gegenhang 54, 55 oder 56 Kühe, liebes Publikum? Und sind es in zwei Minuten immer noch zu 80 Prozent 55 Kühe, die umherkoffern, oder haben sich dann schon zwei durch die Hintertür in die nächste Talsenke verabschiedet?« Das geht so nicht!

Wenn man keine genaue Zahl zusammenbringt, dann

muss man eben als Jokerersatz leider einfach noch einmal zählen. Und noch einmal. Und noch einmal. Um dann festzustellen, dass Viehzählen eigentlich höhere Mathematik ist. Wie berechnet man den Mittelwert aus 53, 55, 56, 55, 57? Und: Darf man das denn überhaupt, wenn man nicht mit 54,8 Kühen am Ende des Sommers zurück zu den Bauern ins Tal kommen will? Wäre es da nicht viel besser, die Wahrscheinlichkeit zu berechnen, mit der 55 zu 100 Prozent die richtige Antwort ist? Wenn n die erwünschte Zahl von Kühen ist, die sich laut Almauftriebsdaten irgendwo in diesem Gebiet herumtreiben sollten, ergibt sich durch die verschiedenen Kuhgruppierungen (heute dem Anschein nach fünf) eine Gleichung:

$$a + b + c + d + e = n$$

Diese Formel wirkt auf den ersten Blick banal, stellt sich aber als geradezu genial heraus. Denn der Trick ist, dass man a, b, c, d und e bis zum Schluss nicht addieren darf. Sollte sich nämlich herausstellen, dass am Ende nicht n herauskommt, sondern $n - 5$, dann müsste man von vorne anfangen mit dem Zählen. So aber nimmt man einfach eine zusätzliche Gruppe f an (wie Einstein, der einfach eine unbekannte Konstante in seine Relativitätstheorie einfügte, um auf Gleich zu kommen). Deren Zahlenwert bleibt vorerst unbestimmt und geht die anderen Gruppierungen noch einmal in umgekehrter Reihenfolge ab. Hat man die eine oder andere Kuh im Gestrüpp übersehen, fällt das auf diese Weise viel leichter auf, ohne dass man befürchten muss, sich einfach nur verzählt zu haben. Außerdem irrt man sich bei kleineren Zahlengruppen nicht so leicht. Auch wenn sich zum Beispiel inzwischen eine Schnittmenge von *b* und *c* zur Tränke abgesondert hat, behält man so in der Regel den Überblick. Kompliziert wird es nur, wenn sich unter die Kühe auch Schafe von der Nachbaralm gemischt haben, die hier gar nichts verloren haben. Schafe stören beim Kühezählen. Sie lenken das Auge ab und machen die Kühe zappelig. Die Wollknäuel zählt man dann trotzdem (und hofft, dass einem dabei die Augen nicht zufallen), denn als guter Nachbar sollte man die Ausreißer melden (in der Hoffnung, dass der Schafhüter das auch im umgekehrten Fall macht).

Das ist zu kompliziert? Hat auch keiner gesagt, dass Viehhüten einfach ist!

Wenn man den ganzen Sommer über mehrmals täglich Kühe zählen muss (Man zähle einmal 73 Kühe in einem dichten Wald oder bei starkem Nebel!), kann das auch ziemlich autistische Züge annehmen. Sicherheitshalber fängt man nämlich einfach an zu zählen, sobald man ein paar der Racker irgendwo ausmacht. Meistens ergibt es nachträglich Sinn. Das führt schließlich dazu, dass man automatisch zu zählen beginnt, sobald irgendwo eine Weide mit Kühen auftaucht. Im fortgeschrittenen Stadium zählt man dann flüsternd und kopfnickend auch Schafe, Vögel auf Telegrafenmasten, Autos auf einem Parkplatz oder blonde Frauen im Supermarkt.

Das war besonders schlimm, als ich etwa zur Alm-Halbzeit wegen eines Arztbesuchs für zwei Tage nach Hause musste: Immer, wenn ich meine Freundin anrief, die inzwischen auf der Alm tapfer die Stellung hielt, fühlte ich mich – mit dem Kuhgebimmel im Hintergrund – im falschen Film. Und dann noch das automatische Gezähle bei jeder Zusammenrottung von mehr als fünf Personen. Ich wurde richtig ungeduldig, als am Rückweg zur Alm endlich die vertrauten Bergkämme auftauchten. Hier machten meine in der Stadt so unpassenden Allüren plötzlich wieder Sinn.

Aber zum Glück lässt dieser Effekt nach dem Almabtrieb über den Winter auch wieder nach. Noch im Oktober fiel mir beim Vorbeijoggen an einem Kindergarten-Spielplatz erst bei »15« auf, dass ich schon wieder am Zählen war. Als dann am 6. Januar die Heiligen Könige sternsingend vor der Tür standen, kam ich immerhin nur noch bis »3« ...

Kleiner Hirtentipp aus der Almpraxis:

Am besten lassen sich Kühe zählen, wenn sie das Futtersuchen und Umherstreunen eingestellt haben und gemütlich Siesta halten. Das passiert mindestens zweimal am Tag. Diese Zeitpunkte zu erwischen, ist eigentlich nicht schwer, verhindert aber leider nicht, dass trotzdem einfach welche fehlen.

XVIII. Nachwuchs an der Almkrippe

Bauernregel:
»Will das Kalb den Hirten wecken,
muss es ihn am Ohrli schlecken.«

Kleinvieh macht auch Mist

Eine ziemlich skurrile und verzwickte Sache ist das heutzutage mit dem Kälberkriegen. Das fängt schon damit an, dass der »leibliche Vater« in der Regel kein imposanter, schnaubender Stier mehr ist, der sein Kampfgewicht in eindrucksvoller Überwindung der Schwerkraft in die Höh' wuchtet, um »a tergo« die Dame seiner Zuneigung zu beglücken. Sondern ein terminlich zwischen einer Pferdeeinschläferung und einer Schoßhund-Entflohung pendelnder, blasser Tierarzt, der beim In-den-Stall-Hasten dem Besitzer oft nur noch die Rudimentär-Frage »Fleck- oder Braunvieh?« entgegenschleudert, um dann mit »Tiefkühl-Eprovette Nr. 3«, »Kondom« überm Arm und Samenlanze zwischen den Fingern der Kuh ganz unromantisch mit der passenden Zucht-DNS in ihr Allerheiligstes zu fahren. Von Sex, geschweige denn von anregendem Vor- oder Nachspiel kann man da nicht wirklich sprechen, und die arme Kuh bekommt nicht einmal eines dieser Rindererotik-Hefte zu sehen, nach deren

Hochglanzbildchen der Bauer oft den gefrorenen Samen des Liebhabers auswählt.

Wenn dann alles nach Plan verläuft, bekommt die Mutterkuh nach durchschnittlich neun Monaten Tragezeit ihr Kälbchen. Und was dann zu passieren hat, das scheidet seit Jahren die Rinderbauern in mehrere Lager. Verfährt man nach der jetzt immer beliebter werdenden Mutterkuh-Haltungs-Methode, dann bleibt das Kleine bei der Mama und holt sich Frühstück, Mittagessen und Abendjause selbst. Sind die beiden aber mit einer sogenannten Galtviehherde auf der Alm unterwegs, die nur aus Jungtieren und werdenden Müttern zusammengesetzt ist, besteht die Gefahr, dass das Kälbchen bei anderen werdenden Müttern zu saugen beginnt, was die jeweiligen Kuhbesitzer auf die Palme bringt, weil es angeblich Schaden anrichtet. Deshalb holt der Bauer seine werdende Mutterkuh im Idealfall ein paar Tage vor der Niederkunft von der Alm ab. Und um weitere (vor allem logistische) Probleme zu vermeiden, wird das Kleine nach wenigen Tagen von der Mutter getrennt, zu den anderen Kälbern getan und über den Umweg eines Gummi-Euters vom Bauern gefüttert.

Die Diskussionen, was davon am besten für das Vieh ist und was dem Bauern aufwandsmäßig zumutbar sein sollte, sind endlos und werden oft sehr hitzig geführt. Kann man einmal einer solchen, jederzeit stammtischtauglichen Diskussion lauschen, bekommt man auf jeden Fall sehr bald eine Ahnung, was der Volksmund meint, wenn er von »Bauernschläue« spricht.

»So ganz genau«, meinte der ansonsten so allwissende Bauer Hermann, »weiß ich eigentlich gar nicht, wann es so weit sein wird. Aber die Kuh macht das schon. Ist ja nicht ihr erstes Mal.« Dann brachte er aber ein paar Tage vorher doch zwei Stricke mit Schlaufen herauf auf die Alm: »Wenn's nicht von allein geht, dann musst du mit diesen Stricken ziehen. Und wenn der Kopf mit den Vorderhufen nicht als Erstes zum Vorschein kommt, dann musst du hineingreifen und das Kalb umdrehen.« Ah ja, dachte ich mir, das sind ja rosige Aussichten. Und irgendwo in dieser Überlegung war mir dann plötzlich klar, wie das Kälbchen heißen müsste, wenn es ein Mädchen würde: Rosa. Rosa steht nicht nur perfekt in der »R«-Rangliste von Schwester und Mutter, die ja Ringa und Raina heißen, sondern wird auch der stattlichen Kuh gut stehen, die die Kleine einmal mit ihren von Mama geerbten Riesenhörnern werden wird. Wenn es ein Bub wird, heißt er »Ronny«. Einfach so.

Unser Kälbchen betritt die Weltbühne schneller, als man »muh« sagen kann, erfreulicherweise noch dazu an einem Wochenende, an dem meine Freundin da ist: Ganz eigenartig beginnt die werdende Mutter plötzlich kurz nach dem abendlichen Melken umherzustaksen. Ein wenig glitschiger Schleim kommt als Vorbote, und dann läuft Raina zweimal wie ein nervöses Huhn in den Hüttenstall und wieder heraus. Man hat uns gesagt, dass sie sich kurz vorher einen sicheren Platz für die Geburt suchen wird und dass das leider auch irgendwo im Wald sein könnte. Aber Raina fühlt sich dann offenbar doch im alten Hüttenstall am geborgensten und hält uns als potenzielle Hebammen für vertrauenswürdig. Dann ist es so weit: Raina macht sich im Halbdunkel ächzend und stöhnend auf dem Holzboden breit, presst zwei-, dreimal kräftig und bringt ein gesundes, wunderhübsches Kälbchen zur Welt.

Wir brauchen ein wenig, bis wir uns über das genaue Ergebnis im Klaren sind, und umrunden unseren Neuzugang einige Male im schummrigen Stalllicht. Aber dann ist es klar: Rosa!

Was sich in den folgenden Stunden abspielt, lässt sich nur vergleichsweise nüchtern beschreiben. Schon Rainas Mutterinstinkte sind erstaunlich: Während die völlig aufgeregte große Schwester Ringa keine drei Meter an die Kleine heran darf, ohne einen bösen Blick und einen Hörnerrüffel zu kassieren, duldet uns die Mutter wie einen Teil der Familie und mich wie einen Ziehvater. Ich darf der Kleinen ein wärmendes Heubett herrichten und sie bei ihren ersten Stehversuchen unterstützen (die allesamt kläglich scheitern), während Raina mütterlich, liebevoll brummend danebensteht und die Kleine mit ihrer Raspelzunge abschleckt, um ihren Kreislauf in Gang zu bringen.

Dieses sanfte, unglaublich beruhigende Mutterkuh-Brummen ist etwas, das ich nie in meinem Leben wieder vergessen werde: Da steht ein Panzerkreuzer von einem Riesenrind mit vielen hundert Kilo Kampfgewicht und einer im Grunde stoischen Miene, hinter die man nicht wirklich blicken kann, und drückt in einem tiefen, aus ihrem Innersten heraus vibrierenden Ton so viel Fürsorge und Sanftmut aus, dass einem die Gänsehaut über Arme und Beine läuft. Der Klang einer sanft gestrichenen Kontrabasssaite kommt diesem Laut am ehesten nahe, nur hat er viel mehr »Seele«.

Völlig ahnungslos in Sachen Kälber-zur-Welt-Bringen, machen wir uns jetzt aber doch langsam ein wenig Sorgen: Sollte ein Kälbchen nicht gleich nach der Geburt stehen können, um an Mamas Milch heranzukommen? Rosa kämpft tapfer, poltert aber immer wieder erschöpft auf die Holzplanken zurück (dass es einem schon beim Zuschauen weh tut), nachdem sie es zitternd in die Position »hinten stehend, vorne kniend« geschafft hat. In einem dieser schon etwas verzweifelt wirkenden Versuche helfe ich dem kleinen, noch immer glitschig nassen Geschöpf aus dieser Position auch auf die Vorderbeine. Aber statt sich »ganz normal« auf die Klauen zu stellen, steht Rosa zittrig verkrampft auf den Zehenspitzen, rutscht bei der ersten Bewegung auf dem glatten Boden aus und klatscht auf den Bauch, alle viere von sich gestreckt. Autsch!

Als wir am nächsten Morgen etwas bang ganz leise in den Stall schleichen, ist die Freude riesig! Rosa kann stehen! Sehr wackelig stakst sie herum, poltert dabei immer wieder zum Missfallen ihrer sanft brummenden Mama der Länge nach auf den Boden, ist aber ansonsten guter Dinge. Nur bis zum längst fälligen Zitzenfrühstück mit der speziellen, nährstoffreichen ersten Milch, der sogenannten Biestmilch, hat es die Kleine offenbar noch nicht geschafft. Das ist deutlich an Rainas Euter zu erkennen, das heute morgen noch prall und unangetastet ist.

Rosa hat sichtlich Hunger und ahnt offenbar, dass Mama bereitsteht, um diesen Hunger irgendwie zu stillen. Testweise saugt sie am mit Mist besetzten Schwanz, spuckt ihn dann aber gleich wieder aus: Instinktiv weiß sie anscheinend auch, dass Milch so scheußlich nicht schmecken kann. Als Nächstes zupft sie an Mamas Wamme, einem Doppelkinn ähnlichen Fettdepot im herunterhängenden Halsfell, kommt aber nicht von allein auf die Idee, es am Euter zu probieren, das zugegebenermaßen bei Raina wenig einladend so tief hängt, dass eine Katze bequem herankäme, ohne sich sonderlich zu strecken.

»Dem Kalbe muss geholfen werden«, meldet sich bei mir eine innere, väterliche Stimme. Mit der Linken schnappe ich mir kurzerhand einen von Rainas vier Milchspendern, mit der Rechten Rosas Kinn und führe beide mit sanfter Gewalt zusammen: »Das, Rosa, gehört in den Mund. Ja genau. Und jetzt ordentlich daran saugen ...« – Rosa ist viel zu ungeduldig, um mir richtig zuzuhören, und mindestens drei Tage lang auch irgendwie zu ungeschickt, um an den sehr weit unten angebrachten, wackeligen Zitzen ohne Hilfe anzudocken. Schließlich muss sie sich dazu extrem breitbeinig hinstellen und dann irgendwie mit der Zunge von unten die im falschen Winkel wegstehende Zitze an der großen Nase vorbei zum Gaumen ziehen. So etwas wie Hinhocken gibt es bei Kühen ja leider nicht. Leichter wäre es bestimmt auch, sich wie ein Automechaniker unter Rainas Bauch zu schieben und auf dem Rücken liegend zu nuckeln. Aber das will ich Rosa nun doch nicht vormachen. Außerdem bin ich schon sehr stolz darauf, dass Raina verstanden hat, dass ich ihrer Kleinen quasi als Barkeeper hilfreich zur Seite stehe und sie mich auch noch als Kindermädchen duldet.

In den folgenden Tagen beginnt die Sache allen Beteiligten immer mehr Spaß zu machen: Rosa kann schon mengenmäßig nicht all das wegtrinken, was Raina für sie produziert, also – das habe ich dem Bauern als Gegenleistung für die Kälbergeburt auf der Alm versprochen – muss ich nachmelken, wenn Rosa satt ist. In der Praxis sieht das dann oft so aus, dass ich mit dem Nachmelken beginne und Rosa in einer Art Futterneid zu einem Nachtisch ansetzt. Wir einigen uns dann meistens darauf, dass ich Rainas linke zwei Zitzen ausmelken darf, während Rosa gleichzeitig auf der anderen Seite Rainas rechte Zitzen benuckelt. Wenn ich dann fertig bin und mich mit meinem Melkschemel der eigentlichen Milchkuh zuwende, findet es Rosa besonders witzig, mich von hinten mit der Schnauze in den Rücken zu boxen, mir dann das Hemd aus der Hose zu zupfen und darauf herumzukauen.

Gleich an dem Abend, als Rosa sich erstmals vor die Stalltür traut, beweist sie ein erstaunliches Maß an frühpubertärem Eigensinn: Es regnet mal wieder in Strömen, und der stundenlange Guss hat die Bergluft gehörig abgekühlt. Schon als ich meine drei Mädels zum Melken in den Stall rufe, ist Rosa nicht dabei. Raina ist es offenbar von früher gewöhnt, dass man ihr ihre Kälbchen gleich nach der Geburt wegnimmt, wie es leider üblich ist, und hat wohl deshalb mit ihrem schwach ausgeprägten Mutterinstinkt nicht gut genug auf die Kleine aufgepasst. Jetzt steht sie einsam, mit prallem Euter vor der Hütte und brüllt herzzerreißend nach Rosa, die nicht den kleinsten Fellzipfel von sich blicken lässt. Stark beunruhigt, suche ich die gesamte Hauswiese, die unübersichtlich hochstehenden Ampferfelder und auch den angrenzenden Wald nach Rosa ab: nichts! Rosa bleibt auch nach mitternächtlicher Taschenlampenfahndung – die Augen der Tiere strahlen verräterisch im Dunkeln, wenn man sie anleuchtet – im strömenden Regen verschollen. Erst am nächsten Morgen, lange nach dem Melken, steht plötzlich ein erbärmlich zitterndes, klatschnasses Kälbchen in der Stalltür. Was für eine Erleichterung! Raina beginnt ihre Kleine sofort mit ihrem Riesenschlecker warm zu reiben und lässt sie in den nächsten Tagen nicht mehr aus den Augen.

Je standfester Rosa wird, desto mehr tobt sie um die Hütte, desto besser funktioniert unsere Kommunikation und desto eifersüchtiger wird Mütterchen Raina. Rosa lernt, mit mir Fangen zu spielen, und ist dabei sehr bald schneller und wendiger als ich. Weil ich natürlich nur das Beste für meinen Schützling will, beginne ich nun, sie spielerisch mit »Wer-schubst-am-heftigsten?« auf den Ernst des Rinderlebens in der Herde vorzubereiten. Und das geht so: Ich schiebe sie sanft mit der Hand an ihrer Stirn zurück, so dass sie unfreiwillige zwei Schritte nach hinten muss. Und nachdem sie mich zwei, drei Mal nur verdattert ob solcher Grobheiten anschaut, beginnt sie kämpferisch zurückzuschubsen. Das endet dann damit, dass Rosa und ich uns Kopf an Kopf wie zwei sture Kühe gegenüberstehen und mit alpiner Sumotechnik ausprobieren, wer stärker ist.

Raina sieht alldem doch meist mit mütterlicher Gelassenheit zu. Nur manchmal schimpft sie, wenn ich die Kleine zu sehr von ihr ablenke. Aber im Großen und Ganzen ist sie offenbar doch ganz zufrieden mit mir. Und sie dankt es auf ihre Weise. Ab jetzt muss ich nämlich nie wieder Milchkuh Ringale zum Melken von der Weide oder aus dem Wald holen. Zwei bis drei Rufe meinerseits genügen, und Raina kommt anmarschiert – in ihrem Gefolge natürlich Rosa und ihr großes Schwesterherz Ringa.

Rosa entwickelt im Laufe dieser Wochen, in denen sie zur jungen Dame heranwächst, ihre eigene Art, lustig zu sein. Dass sie nicht sonderlich viel Wert auf extreme Bemutterung legt, ist an ihren Fluchtreflexen zu erkennen, wenn Mama-Raina mal wieder mit der Zunge zur Gesichtswäsche ansetzt. Kühe haben ja nur am Unterkiefer Zähne, und mit den

Ersatzzähnchen auf einem Rinderschlecker kann man sich wirklich die Pfirsichkerncreme fürs Peeling sparen. Jedenfalls macht sich Rosa einen Spaß daraus, sich in unbeobachteten Momenten hinter Mamas Rücken in eine Mulde ins hohe Gras fallen zu lassen und darin für Stunden zu verschwinden. Sie reagiert dann weder auf Mamas Zumuhen noch auf Rufe des Viehhirten. Und nur mit Glück kann man vielleicht ein weiß-braunes Ohrwaschl ausmachen, das die lästigen Fliegen verscheucht.

»Such das Kalb« – ein lustiges Gesellschaftsspiel, das ich seitdem mit Gästen und Besuchern spiele. Ich kenne zwar inzwischen Rosas beste Verstecke, aber es ist irgendwie wie mit einem guten Kinofilm, den man gerne ein zweites und drittes Mal ansieht, wenn ein Freund mitgeht. Dann kann man an den spannenden und lustigen Stellen dessen überraschte Reaktion miterleben.

Kleiner Hirtentipp aus der Almpraxis:

Vorsicht! Kalbsgulasch und Kalbsschnitzel werden wahrscheinlich nie wieder auf dem Speisezettel stehen, wenn man als Viehhirte einmal das Glück hatte, einem Kälbchen eigenhändig auf die Welt zu helfen.

XIX. Interaktive Viechereien

Bauernregel:

»Läuft das Rind auf leisen Sohlen,
hat die Glocke wer gestohlen.«

Glockenspiele

Sooo romantisch hatte ich mir das vorgestellt: einschlafen beim Wasserplätschern des Brunnens vor der Hütte und dem sanften Läuten der Kühe, die irgendwo am Waldesrand lagern. Nix da! Meine 70-köpfige (mit ungefähr 15 Glocken versehene) Jungrinderherde ist eigentlich nur zehn Tage lang auf der Weide direkt ums Haus. Den Rest der Zeit wird weiter unten oder deutlich weiter oben geweidet, so dass das Glockenspiel nicht zu hören ist. Einzig Milchkuh Ringale theatert mit ihrem Läutwerk den ganzen Sommer direkt um die Hütte. Sie soll ja schließlich auffindbar sein, wenn es ans Melken geht und sie gerade im Wald mit Begleitkuh Raina und Kälbchen Rosa Verstecken spielt. Würde Ringale nachts irgendwo liegen und schlafen, wie das normale Menschen tun, wäre alles fein: ihr Geläute bestenfalls ein sanftes Hintergrundbimmeln. Aber Ringale geht nachts spazieren – und das mit großer Vorliebe direkt an der Wand entlang, hinter der ich meinen wohlverdienten Schlaf zu finden versuche: Billebim, billebim nach links marschiert.

Bimbam, bimbam nach rechts marschiert. Das Hirtenhirn wandert trotz geschlossener Augen und Halbschlaf mit.

Ohrstöpsel? Reichen nicht. Ringale steht jetzt einen Meter von mir entfernt, nur getrennt durch die hauptsächlich hölzerne Hüttenwand, und kratzt sich unter wildem Glockengetöse mit ihrem linken Horn das Schulterblatt (das sehe ich zumindest vor meinem geistigen Auge). Es gibt nur eine Lösung – auch wenn ich dann morgens vor dem Melken nach einer Tarnkappenkuh suchen muss: Die Glocke g'hört nachts abgestellt!

Sie abzunehmen und morgens meiner Schoßkuh wieder umzuhängen, bedeutet einen ziemlichen Aufwand. Also schnappe ich mir immer nach dem Abendmelken einen alten Fetzen und eine Rolle Klebeband, stopfe den Fetzen in Ringales Glocke und versuche, das Ganze zu fixieren. Nur: Ringale, von der ich eigentlich dachte, dass sie froh sein müsste, ihre Ruhe zu haben, weil sie jetzt endlich beim Versteckspiel mit den anderen richtig mitspielen kann, will das nicht. Grantig versucht sie, mich wegzuschubsen, und ich muss sogar vor ihren Hörnern in Deckung gehen. Ein Weibergetue, als würde ich ihr ihre Lieblingshandtasche wegnehmen. Aber es gibt Regeln hier auf der Alm, liebe Ringa, und die mache ich, dein Viehhirte!

Auf die darauffolgende Stille war ich nicht gefasst: Richtig alleingelassen komme ich mir jetzt vor. Ringas Dauergebimmel geht mir allen Ernstes ab. Hoffentlich kann ich heute Nacht trotz der ungewohnten Ruhe schlafen.

Aber ich habe meine Kuh unterschätzt. Schon bei Sonnenuntergang ertappe ich Ringa, wie sie am Kuhgatter steht und mit gezielten Schlägen (Glocke gegen Holz) versucht, die altvertraute Lärmkulisse wieder herzustellen. Wie kann sie wissen, dass das hilft? Dass das, wenn sie so weitermacht, genau die richtige Taktik ist, um den Fetzen wieder aus ihrer blöden Glocke zu bekommen? Natürlich lässt mich Ringa jetzt nicht mehr zum Nachbessern mit dem Klebeband in ihre Nähe. Sie ist ja nicht dumm und hat längst messerscharf erkannt, dass ich mich wieder an ihrer Glocke zu schaffen machen will. »Ach, Du siehst schon Gespenster!«, denke ich mir. Ringale kratzt sich bestimmt nur am Hals, und die Glocke ist dabei zufällig im Weg.

Pünktlich um Mitternacht – ich träume gerade ein Erwachsenenmärchen rund um eine volljährige Heidi und ihren Ziegenpeter – ist mein ganz persönliches Läutwerk wieder da. Und mir zum Fleiß postiert sich Ringa für den Rest der Nacht direkt neben meinem Bett. Dass ihr dabei die Milch im Euter sauer werde!

Auch Almschwein Werner verlor irgendwann einmal seine Glocke (allerdings tatsächlich unbeabsichtigt). Und auch er benahm sich danach so, als ob ihm das alles andere als »wurscht« wäre. Nicht, dass er danach mit hängenden Ohren als Schatten seiner selbst durch die Gegend getrottet wäre. Aber er ließ mich gewähren wie sonst nie, als ich ihm das Ersatzhalsband anpasste, und schoss danach mit seinem neuen Schmuckstück durch die Gegend, als hätte er einen See mit Milch und Honig hinterm Haus entdeckt. Die Glocke war anscheinend ein Teil von ihm, der ihm zum Glücklichsein gefehlt hatte.

Dass Schweine und Kühe so etwas wie Glück oder Zufriedenheit empfinden können, ist für einen Viehhüter, der beide Gattungen einen Sommer lang auf Tuchfühlung erlebt hat, keine Frage. Ferkel-Abendessen im Stall: Es gibt Molke mit Gerstenschrot und ein paar (aus Menschensicht) nicht mehr ganz so schöne Äpfel, die der Schlosser-Bauer mitgebracht hat. Die übliche Prügelei um die Apfelstücke, das übliche Gequieke, Gegrunze und Geschubse, bis beide wie die Schweine mit den Vorderbeinen im Trog stehen, damit der andere dort möglichst wenig Platz hat. Aber irgendwann einmal hat auch der Gierigste genug. Hermann meistens etwas früher, vielleicht auch aus taktischen Überlegungen. Dann marschiert er nämlich schnurstracks in die mit Heu und Stroh ausgelegte Schlafecke und lässt sich, nachdem er sein Bett mit der Schnauze zurechtgemacht hat, in die luxuriöse »Pole-Position« mit dem Rücken zur wärmenden Holzwand fallen. Werner putzt den Trog aus und kuschelt sich dann rücklings dazu. Yin und Yang in rosa Ausführung. Unübersehbares und unüberhörbares Wohlbefinden. Und dann – für geduldige Beobachter – der Höhepunkt: die Augen geschlossen und mehrmals tief ausgeatmet, der Atem verflacht sich, wird langsamer, ein paar letzte Schmatzlaute, ein Hauch von einem Grunzer. Zack. Das Schweine-Sandmännchen hat zugeschlagen. Und dass ich hier am Gatter stehe und mich köstlich amüsiere, stört sie überhaupt nicht mehr. Sie fühlen sich wohl und sicher.

Ich gebe auch gern zu, dass ich mit den beiden rede. Dass sie mich verstehen, im wörtlichen Sinne, ist bestimmt zu viel behauptet. Aber es gibt da doch etwas, das sich – zumindest bei mir auf der Alm – wie ein echtes Zusammenleben von Mensch und Tier anfühlt. Und ich bin sicher, dass Schweine und Kühe dieses Gefühl auch kennen.

Mag sein, dass kritische Geister hier von Vermenschlichung sprechen. »Wie das Herrl, so das Gscherl« sagt der Wiener. Und meint damit, dass sich Haustier und Besitzer mit der Zeit immer ähnlicher werden. Na und? Letztlich zeugt es doch von der oft unterschätzten emotionalen Intelligenz der Tiere, wenn sie in der Lage sind, den Menschen, der sie versorgt, ein bisschen zu »lesen«, und ihm selbst Signale geben können.

Kleiner Hirtentipp aus der Almpraxis:

Kontrolliere gleich beim Auftrieb, welche Kühe Glocken haben, und vor allem, ob diese auch ordentlich angelegt wurden. So eine Glocke ist ziemlich teuer und kann in schöner Ausführung deutlich über 100 Euro kosten. Nichts ist blöder, als wenn du zwar deine Schützlinge alle wohlbehalten und gutgefüttert bis zum Almabtrieb durchbringst, sich aber gleich drei Bauern beschweren, dass bei ihren Kühen die Glocken fehlen. Mir ist zwar immer noch schleierhaft wie, aber Kühe sind trotz Hörnern in der Lage, bei ihren unaufhörlichen Balgereien ihre Glocken abzustreifen. Dann liegt das teure Läutwerk irgendwo gut versteckt im Gras, und der nächste schwammerlsuchende Wanderer freut sich über ein üppiges Souvenir.

XX. Flotte Käfer und heiße Bienen

Bauernregel:

»Stirbt die Maus beim Nachtmahlessen,
hat den Schnorchel sie vergessen.«

Hannibal, der Mäusekönig

Nachdem man durch viele Wandritzen einer traditionellen alten Almhütte den Finger nach außen stecken kann (ganz zu schweigen von den windschlüpfrigen Türen), muss man sich mit einer ganzen Menge Tierchen arrangieren, die man in der Stadt sofort aus der eigenen Wohnung ausladen oder unsanft ins Jenseits befördern würde, was am Berg einfach nicht geht. Schließlich, wie Almmeister Christof einem um sich schlagenden Wiener Wanderer erklärte: Wenn all die Ameisen, Fliegen, Bienen, Wespen, Spinnen und Hornissen irgendwo daheim sein dürfen, dann wohl hier auf der Alm, in der freien Natur, oder? Außerdem, nicht auszudenken, was das an Energie kosten würde, sich gegen die erdrückende Übermacht an fliegenden und krabbelnden Almbewohnern zu stellen.

Ganz nüchtern gedacht: Eine Fliege, Bremse, Spinne, Mücke oder Maus zu erschlagen, macht ja – wenn überhaupt – nur dann Sinn, wenn die berechtigte Hoffnung besteht, der Belästigung damit für eine erkennbare Zeitspanne ein Ende zu setzen. Und diese Hoffnung ist hier definitiv nicht gegeben.

Nach einer anfänglichen Eingewöhnungszeit dulde ich jetzt Fliegen auf meiner Haut, was ich mir von den Kühen abgeschaut habe. Die Kühe würden ja wahnsinnig werden, wenn sie nach jeder einzelnen Fliege schlügen, die irgendwo auf ihrem Fell eine kurze Rast macht. Und da ich auch nicht wahnsinnig werden will – bei warmem Wetter gibt es wirklich verdammt viele Fliegen – und außerdem Bücher lesen und Texte schreiben möchte, verscheuche ich sie nur, wenn sie im Bereich Ohr, Nase, Mund zu unverschämt werden oder der berechtigte Verdacht besteht, dass es sich um einen Blutsauger handelt. Und dann auch nur mit einer langsamen Handbewegung oder einem kleinen, zielgerichteten Puster über die Unterlippe.

Wenn eine Nacktschnecke bei Platzregen unter der Hütteneingangstür hindurch ins Trockene flüchtet, wird sie wieder vor die Tür (unter den Jausentisch) befördert. Wenn ich irgendwo im Haus ein Spinnennetz entdecke, lasse ich die Konstrukteurin gewähren. Schließlich bedeutet ein Spinnennetz nach meinem Verständnis, dass die Spinne nachts nicht mehr nomadenhaft etwa über die Bettdecke wandert, sondern sich sesshaft gemacht hat und das bäuerliche Prinzip von Spinnwebensaat und Fliegenernte verfolgt.

Einer besonders treuen Mitbewohnerin – einer hübschen Kreuzspinne, die allerdings *draußen* unter dem Dach neben der Sense wohnt – habe ich den Namen »Thekla« gegeben. Nicht aus lauter Kinderei, sondern weil mir (und auch einigen weiblichen Gästen) das Namengeben hilft, das Tierchen als (doch gar nicht so furchterregenden) Freund anzusehen.

Einzig in der kleinen Schatzkammer mit den so herrlich duftenden, an einer Stange aufgehängten Wurst- und Speckmitbringseln meiner Viehbauern, dem Käse und der frischen Milch herrscht absolutes Flug-, Lande- und Krabbelverbot. Zu schnell lässt sich da eine Fliegendame in guter Hoffnung nieder, um ihren Eiern ein nahrhaftes Umfeld zu bieten.

Trotz dieser Maßnahmen (oder möglicherweise wegen ihnen?) spukt es seit einiger Zeit gehörig in der Almhütte. Ist es der Berggeist Rübezahl mit seinen Freunden, der nachts im Hinterhaus wilde Partys feiert? Die Heugabel liegt oft mitten im Kuhstall auf den Planken, Futterballen scheinen durch den Speicher gewandert zu sein, und sorgfältig aufgestapelte Holzscheite liegen verstreut unter dem Vordach wie fallen gelassenes Spielzeug. Aber das könnte auch meine Einbildung gewesen sein oder die drei Hauskühe, die es auf ihrer nächtlichen Futtersuche wohl auch in jeden Winkel des offenen Stalls führt.

Und Alm-Heinzelmännchen, die nachts die Arbeit erledigen? Die Kühe schon gemolken, das Holz gehackt, das Unkraut geschnitten, die Zäune ausgebessert, das Brot gebacken, den Käse gekocht, den Ofen eingeheizt und eh man sich's versah… Das wäre zu schön, ist aber leider nicht so. So sehr ich morgens früh auch mit geschlossenen Augen im warmen Bett daliege und es mir beim Gedanken an die bevorstehenden Mühen ganz fest wünsche.

Aber irgendetwas trippelt im Schutz der Dunkelheit über die Dielen, scheint durch Wände gehen und sich urplötzlich unsichtbar machen zu können. Eines Nachts, als es besonders kalt ist und ich gegen drei Uhr früh in der Kuchl noch einen Scheit in die schwindende Ofenglut legen will, begegnen wir einander: ich, traumtrunken, leicht orientierungslos, folglich schreckhaft. Er, hellwach, schwer beschäftigt mit einer heruntergefallenen Spiralnudel, folglich ebenfalls schreckhaft. Wir machen beide einen Riesensatz, was ihn, den kleinen grauen Mäuserich (wie ich ohne nachzufragen annehme), mit einem Sprung hinter den Ofen befördert und mich nahe an den Herzinfarkt.

Anstatt mich über den kleinen Mitbewohner und Mitnascher jede Nacht zu ärgern und Fallen aufzustellen, beschließe ich, mir diese Energie fürs Kühejagen aufzusparen und den kleinen Kerl kurzerhand zu meinem Untermieter Hannibal zu ernennen. Wer als Kind genug »Tom und Jerry« gesehen hat und somit weiß, wie viele Qualen und Ärgernisse so eine Mäusejagd verursachen kann, der ist zu einem solchen buddhistischen Zugang fähig. Wenn ich seither nachts von seinem Getrippel und Geraschel aufwache, kann ich mich mit wohlwollendem Lächeln auf die andere Seite drehen und wieder einschlummern, statt mich über den Schlafraub zu ärgern.

Viele Wochen schon leben wir friedlich nebeneinander, als eine unglückliche Verkettung von Umständen zu einem jähen Ende unserer Beziehung führt: Hannibal hat sich angewöhnt, nachts immer geräuschvoll im Zwischengang zum Stall in den zwischengelagerten Speiseresten für die zwei Schweinchen nach Delikatessen zu suchen. Diesmal habe ich dort dummerweise eine große Schüssel mit Restmolke vom Käsen fürs Ferkelfrühstück hingestellt. Wohl nicht aus rein kosmetischen Gründen nimmt Hannibal unbeobachtet ein Molkebad, schafft es über die steilen und glatten Wände der Schüssel nicht mehr heraus und … – So viel Molke kann auch die durstigste Maus leider nicht allein trinken.

Hannibal war zwar »nur« ein Mäuslein, und er fand mich eigentlich immer zum Davonlaufen. Aber irgendwie hatte ich ihn doch ein bisserl liebgewonnen. Und so bekommt er dann auch ein stilles Begräbnis im kleinsten Kreis hinterm Haus bei den Himbeeren. Auf der Suche nach einer passenden Stelle habe ich dort unter einem flachen Stein durch Zufall seine Speisekammer mit Kirschen und abgenagten Kirschkernen entdeckt. Und so schicke ich ihn wie einen germanischen Krieger mit seinen gesammelten Schätzen ins Jenseits.

Natürlich auch mit einer kleinen Grabrede: Hannibal, wir werden dein nächtliches Getrippel und Geraschel vermissen (bis Hannibal II. den Nagerpalast in der Zwischendecke bezieht), und wenn du die folgende Mäusefabel gekannt hättest, wäre dir das bestimmt nie passiert:

Zwei Mäuse fallen in einen Kübel mit Milch. Die pessimistische Maus jammert: »Wir sind verloren! Wir kommen hier nie wieder raus.« Sie hört auf zu schwimmen und mit den Beinen zu strampeln und ertrinkt. Die zweite Maus denkt sich: »Ich bin Optimist. Ich strample so lange ich kann. Wer weiß, vielleicht fischt mich hier jemand raus.« Fast eine Stunde lang strampelt sie, dann stockt die Milch im Kübel, wird zu Butter, und die Maus kann herausklettern.

Hannibal hatte leider einfach Pech. Und wäre nicht Molke in seiner Schüssel gewesen, sondern Milch, er hätte mir bestimmt einmal das Butterstampfen erspart.

Kleiner Hirtentipp aus der Almpraxis:

An besonders fliegenreichen Tagen zünde ich vor dem Niederlegen ein kleines Teelicht als Leuchtturm an einem feuerfesten Ort in der Hütte (z. B. Herd oder Waschbecken – so vorhanden) möglichst weit weg von der Schlafkammer an. So kann ich die Tür zum Ofen offen stehen lassen, damit die Restwärme auch in die Schlafkammer gelangt, und trotzdem fliegen- und nachtfalterfrei einschlafen, weil die Tierchen – so sie nicht selbst längst schlummern – sich zum Licht hin orientieren.

XXI. Die Kuh im 22. Jahrhundert

Bauernregel:
»Heißt der Bauer Captain Kirk,
beamt sein Vieh er auf den Berg.«

Wo der Jagatee glüht und die Liftkarten wachsen

Der Mensch schickt drahtlos via Handy Urlaubsgrüße vom anderen Ende der Welt und bekommt in wenigen Sekunden eine Antwort darauf. Er navigiert zu Fuß mittels Satellit durch die Seitengassen von Unterstinkenbrunn und lässt sich von seinem Auto mit Hilfe eines vibrierfähigen Lenkrads mitteilen, wenn er auf der Autobahn von seiner Spur abzukommen droht. Warum sollte der Hightech-Fortschritt also vor der Viehhaltung haltmachen?

Ein paar Zukunftsperspektiven: Allen Ernstes wollen neuseeländische Forscher demnächst Kühe züchten, die beim Melken nur noch entrahmte, fettarme Milch abgeben, um den Bedarf der übergewichtigen Wohlstandsbevölkerung leichter abzudecken. Schließlich muss ja derzeit die frische Rohmilch »aufwendig« vom lästigen Fett befreit werden. Im Gegenzug soll es dann auch Kühe geben, die die perfekte »Buttermilch« produzieren, also eine Milch, die nicht nur besonders rahmhaltig ist, sondern die fertige Butter auch noch schmierfähig hält, wenn sie direkt aus dem Kühlschrank kommt. Die entsprechenden Kuhgene wurden angeblich schon isoliert.

Andererseits haben australische und amerikanische Forscher Kühen zu Testzwecken spezielle Halsbänder umgehängt, die zweierlei können: Zum einen senden sie ein GPS-Signal aus, so dass der Hirte auf einem kleinen Monitor jederzeit mitverfolgen kann, wo seine Mädels gerade umhersteigen. So weit, so praktisch. Zum anderen beherbergt das Halsband aber auch einen kleinen Elektroschocker. Denn das GPS-Signal wird gleichzeitig auch mit den Messdaten eines virtuell gezogenen Zauns verglichen. Marschiert die Kuh über diese imaginäre Grenze, bekommt sie vom Halsband einen Stromschlag verpasst. Und das wohl so lange, bis sie wieder im »grünen Bereich« ist. Offen bleibt, ob Kühe wirklich genügend Abstraktionsvermögen besitzen, sich eine unsichtbare Grenzlinie zu merken. Und natürlich, ob da die Tierschutzvereine mitspielen.

Persönlich, von meiner Erfahrung als Hirte abgeleitet, stelle ich es mir interessant vor, die Kuhglocke weiterzuentwickeln (und sollte mir das am besten gleich patentieren lassen): Jede Kuhglocke hat dann in Zukunft nicht nur einen Peilsender eingebaut, so dass sie jederzeit gefunden werden kann (auch wenn die Kuh sie verliert), sondern lässt sich ferngesteuert lauter, leiser oder ganz ausschalten. So hätte der Hirte nachts seine Ruhe, könnte während seiner Siesta beim Vieh auf sanftes Bimmeln umstellen oder das Geläut bei Bedarf so verstärken, dass die abtrünnige Kuh auch noch aus dem nächsten Talkessel zu hören ist.

Zusätzlich würde ich 50 polyphone Klingeltöne zur Wahl

stellen (von *»Bimmelim«* und *»Dingdong«* über *»I was born under a wandering star ...«* bis zu *»I bin a bayrisches Cowgirl ...«*, dann gibt's keine Verwechslungen mehr mit Nachbars Rindern, und bei einer sommerlichen Gemeinschaftsalm kann das unterschiedliche Läutwerk der verschiedenen Bauern vorübergehend gleichgeschaltet werden. Das Ganze funktioniert natürlich mit Solarzellen oder noch besser durch kinetische Rüttelschüttel-Aufladung wie bei Automatikarmbanduhren, die sich die nötige Vibrationsenergie aus den Bewegungen ihres Trägers holen. Und wenn sich auch noch ein Blitzableiter einbauen ließe, der sich von allein ausrollt, wenn Gewittergefahr droht, wäre das natürlich Kuhnobelpreis-verdächtig.

Praktisch stelle ich mir auch ein Niedrigenergie-Laserschwert in der klassischen Form einer Axt vor. Dieses würde dann – mit Hilfe von Batterien im Griff – jeden noch so schwer zu hackenden, von Astlöchern durchsetzten Holzstumpf ohne großen Kraftaufwand und vor allem ohne das Risiko, sich das Schienbein zu spalten, in schöne kleine Scheite zerlegen.

Leider gibt es aber auch weniger amüsante Alm-Visionen: »Kann sein, dass hier bald ein Sessellift bis zur Hütte geht«, schockierte mich einer meiner Almmeister an einem ruhigen Nachmittag bei einem seiner letzten Besuche vor Ende des Sommers. Wir waren gerade die unteren Weiden der Gemeinschaftsalm abgegangen, um unter anderem die unterirdische Rohrleitung zu kontrollieren, die vor ein paar Jahren verlegt worden war, um Wassermangel in besonders heißen Sommern vorzubeugen. Ein hervorragendes System, das einen Teil des Wassers einer höhergelegenen Quelle in die unteren Abschnitte transportiert.

»Aber warum denn ein Sessellift?«, fragte ich entsetzt. »Gleich nebenan ist doch eh schon ein riesiges, grenzüberschreitendes Skigebiet mit vielen, riesigen Hotels. Reicht das denn nicht aus? Wollt ihr wirklich den Massentourismus in euer idyllisches Dorf holen?« – »Na ja, nicht unbedingt den Massentourismus. Aber es ist nicht gerade leicht für viele, nur von Viehzucht und Milchwirtschaft zu leben. Das kannst du dir als Städter vielleicht nicht vorstellen. Und ein Skilift würde in der finanziell ohnehin schwierigen Winterzeit zusätzliche Einnahmen bringen. Das ist ein Thema, das bei unseren Almgemeinschaftstreffen diskutiert wird, und wenn sich dafür eine Mehrheit und ein passender Investor findet …«

Von außen ist es immer leicht, sich über solche Zukunftspläne zu empören, aber wenn man (auch nur eine Zeitlang) Teil einer solchen Gemeinschaft ist, klingen viele der Argumente plötzlich doch plausibel. »Erschließung« ist das geschmacksneutrale Zauberwort, das die Tourismusindustrie gerne in diesem Zusammenhang verwendet. Wenn man eine solche Erschließung in eine auch für die Umwelt positive Richtung lenken will, dann genügt es nicht, auf die landschaftsverschandelnden Hotelbunker und die allwinterlichen Parkplatzprobleme der »erschlossenen« Nachbargemeinde hinzuweisen.

Wenn ich mir »meine« Alm und das dazugehörige Dorf in diesem Zukunftslicht so ansehe: Den Kühen wird's wohl egal sein, ob sie unter einer Liftstütze grasen oder unter einem Baum. Trotzdem hoffe ich, dass diese von mir so liebgewonnene idyllische Kärntner Gemeinde einmal durch das Angebot wildromantischer Schneeschuhwanderungen und anspruchsvoller Tourenskiabfahrten berühmt wird und nicht durch den ersten Vierersessellift der Welt, der in einer original restaurierten Viehhirtenhütte endet.

Kleiner Hirtentipp aus der Almpraxis:

Wenn man so in der Wiese liegt und über die Zukunft der Almwirtschaft sinniert, kommen einem natürlich noch jede Menge andere (blöde) Ideen. Zum Beispiel, wenn schon ein Sessellift gebaut wurde, auch Almauftrieb und Almabtrieb mit dessen Hilfe zu erledigen. Einfach pro Reihe eine Kuh hineinsetzen, und das ganze Theater ist in zwanzig Minuten erledigt. Oder der ferngesteuerte »Kuh-Puh-Bag« (wie bei den Fiakern in Wien, nur besser), so dass der Dünger nicht mehr dort zu Boden fällt, wo die Kuh gerade muss, sondern mittels Fernsteuerung erst dort durch eine Öffnung im Sack abgeworfen wird, wo der Boden die Nährstoffe wirklich nötig hat. Bevor aber irgendeinem neuseeländischen Forscher in den Sinn kommt, das auszuprobieren, sollte man solche Ideen vielleicht lieber auf der Wiese lassen, wo sie einem eingefallen sind.

Bonus

Kuhwitze für den zünftigen Hüttenabend

Sie kennen das bestimmt: Man sitzt gemütlich zusammen, plötzlich beginnt irgendjemand, Witze zu erzählen. Damit ist es klarerweise mit jeder vernünftigen Unterhaltung vorbei. Einem selbst fällt natürlich wieder einmal kein einziger ein, und eigentlich ist man sowieso ganz schlecht im Sprücheklopfen. Das darf passieren, wenn man wo zu Gast ist. Dann stellt man sich am besten für die nächsten zwei Stunden scheintot und lacht brav mit. Meistens wird dann aus der Sache ein Witzduell, bei dem sich zwei dazu ermutigt fühlen, ein verbales Elfmeterschießen abzuhalten. Wie gut die Schüsse sind, ist irgendwann nicht mehr maßgeblich, Hauptsache der Ball bleibt im Spiel, auch wenn das Niveau bereits ins Bodenlose sinkt.

Als sich totstellender Zuhörer hat man es spätestens dann wieder lustig: Ein paar der zuhörenden Leidensgenossen blickt, bereits peinlich berührt zu Boden, und die beiden Duellanten werden sich am nächsten Morgen ganz furchtbar ihrer Wortwahl schämen.

Als Gastgeber, noch dazu auf einer Almhütte, darf einem all das aber nicht passieren. Deshalb sind hier ein paar echte Kuhwitze zusammengestellt, die Sie für jede Situation wappnen – zugegebenermaßen auch dafür, dass das Niveau ein wenig entgleitet. Aber selbstverständlich ist dies dann nur als Notwehr zu werten!

Sagt eine Kuh zur anderen: »Bertha, welchen Tag haben wir heute eigentlich?«
»Samstag, warum?«
»Mist, samstags kommt immer der Melker mit den kalten Händen.«

Die Kuh eines ostfriesischen Bauern ist krank. Besorgt fragt er seinen Nachbar: »Was hast du denn damals deiner Kuh gegeben, als sie so krank war?« – »Salmiakgeist.« Gesagt, getan. Nach einer Woche besucht der Bauer seinen Nachbar. »Meine Kuh ist gestorben«, sagt er. Darauf dieser: »Meine damals auch.«

Fritz geht mit seiner Freundin spazieren. Beide sehen, wie gerade ein Stier eine Kuh besteigt. Da flüstert Fritz seiner Freundin ins Ohr: »Dazu hätte ich jetzt auch Lust.« Darauf sie: »Mach doch. Es sind ja eure Kühe.«

Auf der Wiese melkt die Magd eine Kuh. Auf einmal kommt angriffslustig ein Stier angaloppiert, bremst aber kurz vor der Magd ab. Fragt der Spaziergänger, der das alles beobachtet hat, die Magd: »Haben Sie denn vor dem Stier gar keine Angst gehabt?«
»Nein«, sagt die Magd. »Denn die Kuh, die ich grad melk, ist seine Schwiegermutter.«

»Ich bin eine Verkaufskanone!«, sagt der Bewerber zum Abteilungsleiter. »Und wie können Sie mir das beweisen?«, fragt der Abteilungsleiter. »Ich habe kürzlich einem Bauern eine Melkmaschine verkauft, der nur eine Kuh hatte«, sagt der Bewerber. »Das ist alles?«, fragt der Abteilungsleiter. »Worin äußert sich denn da Ihr Verkaufstalent?« Sagt der Bewerber: »Mir ist es gelungen, die Kuh als Anzahlung mitzunehmen.«

Fragt ein Urlauber aus der Stadt den Bauern: »Wie alt ist denn diese Kuh da?« – »Zwei Jahre«, sagt der Bauer. »Und woran erkennt man das?« – »An den Hörnern«, sagt der Bauer. »Natürlich«, sagt der Städter, »sind ja zwei.«

In den Gailtaler Alpen macht ein junges Murmeltier eine hübsche Murmeltierdame an. Sie erteilt ihm jedoch eine Abfuhr. – »Das kann ja wohl nicht wahr sein«, schimpft das

Murmeltier. »Wir stehen auf der Liste der vom Aussterben bedrohten Tiere, und du willst nicht!«

»Warum machen wir nicht Liebe?«, fragt die Touristin den einsamen Viehhüter, nachdem sie ihn in den Bergen kennengelernt hat. – Der Viehhüter stampft mit seinem Viehhüter-Stab auf den Boden und sagt: »Des moch i nua mit Astlöchern.« – Die Touristin weist ihn darauf hin, dass er das jetzt ja nicht mehr nötig hätte. Nach langem Überlegen sieht er das ein, doch bevor er zärtlich wird, geschieht Folgendes: Der Viehhüter nimmt Anlauf und tritt der Touristin in den Hintern. – »Warum machst du denn das?«, empört sich die Touristin. – Und der Viehhüter sagt: »I kontrollier halt immer, ob si do net a Eichkatzerl versteckt hat.«

Eine Sennerin in einem einsamen Tal kauft sich eine Waschmaschine. Nach einigen Tagen reklamiert sie bei der Firma: »Das Gerät muss defekt sein. Zwar sieht nach dem ersten Probewaschen das Gewand meines Senners wieder wie neu aus, aber *er* bewegt sich nicht mehr.«

1. Kuh: »Findest du den Rinderwahnsinn nicht auch furchtbar?«
2. Kuh: »Ja, ja. Was für ein Glück, dass ich eine Ente bin.«

Was ist unsichtbar und riecht nach Löwenzahn?
Ein Kuhfurz.

Was ist grau, hat einen langen Rüssel und riesige Ohren?
Eine Kuh im Fasching.

Was sagt eine Schnecke, die auf einer Kuh sitzt?
»Schneller, Fury!«

Was sagt eine Städterin, die nach einer rauschenden Almnacht unter dem Euter einer Kuh aufwacht?
»... und wer von euch vier bringt mich jetzt nach Hause?«

Warum haben die Gailtaler Biobauern so lange Arme?
Damit sie beim Küssen der Kuh gleichzeitig ihr Euter streicheln können.

Sonderteil

Alm-Anach
Stichwortverzeichnis für Hobbyhirten

Wer glaubt, der zweitälteste Beruf der Welt käme ohne Fachchinesisch, Bürokratendeutsch und seltsame Wortkreationen des Volksmundes aus, der irrt natürlich. Im Folgenden findet der interessierte Laie Erklärungen zu vielen Begriffen, die in diesem Buch gefallen sind und vielleicht nicht ausführlich beschrieben wurden, aber auch zusätzliche Erläuterungen, die beim nächsten Almaufenthalt von Nutzen sein könnten. Es war nicht beabsichtigt, ein vollständiges Wörterbuch zu erstellen, und der Autor weiß auch, dass man viele dieser Dinge doch wirklich mit mehr Ernst betrachten sollte.

Almapotheke – Sie besteht nicht nur aus einer Magnumflasche Kräuterschnaps (obwohl dieser in einer guten Almapotheke auf keinen Fall fehlen sollte). Ein Muss neben diversen Kräutlein und getrockneten Heidelbeeren gegen Magenprobleme ist in der Almapotheke auf jeden Fall Johanniskrautöl (Näheres dazu im Kapitel »Am Puls des Enzians«). Eindecken sollte man sich vor einem längeren Almaufenthalt mit entzündungshemmenden Salben, Brandsalben, Zugsalben, Desinfektionsmitteln, großen und kleinen Pflastern, Wund- und Stützverbänden und natürlich mit starken Sonnenschutzmitteln (sowohl für den

Menschen als auch für das Tier). Vom Skifahren weiß jeder, dass die Sonne am Berg durch die dünnere Luft noch gnadenloser mit UV-Strahlen feuert. Und wenn man täglich viele Stunden im Freien verbringt, ist ein guter Sonnenschutz auch nach der Anpassungsphase wichtig. Auch Kühe können übrigens einen Sonnenbrand bekommen, wenn sie nach dem langen Winter im Stall zu schnell zu viel Sonne erwischen. Und zwar vor allem am Euter. Die Wiese bietet jede Menge Kräutlein, mit denen man schlappe Kühe wieder munter machen kann. Hierzu bitte, wie bereits erwähnt, ein richtiges Kräuterbuch kaufen.

Alpung – Ein Unwort, dass jenen Zeitpunkt umschreibt, zu dem das Vieh auf eine Alm gebracht wird (Almauftrieb), um sich monatelang ausgelassen herumtobend den Wanst mit fetten, saftigen Gräsern vollzuschlagen. Der Begriff (bzw. der Termin) ist auch wichtig, weil ab diesem Zeitpunkt die Förderungsuhr der EU zu ticken beginnt. Bleibt die Kuh ab Alpung 60 Tage auf der Alm, gibt's Fördergeld aus Brüssels goldenem Euro-Füllhorn. Muss sie früher ins Tal zurück, weil sie eine schwere Verletzung abbekommen hat oder ein Kälbchen zur Welt bringt, gibt's keine Förderung.

Aufreiten – Hundebesitzer wissen natürlich, wovon die Rede ist: Man sitzt bei Nachbars zum Kaffee, hat die beste Hose an und unterhält sich über das Wetter und die Preise für Rasenmäher und mobile Klimageräte, plötzlich kommt Nachbars Dackelmännchen und vergeht sich mit plumpen Sambabewegungen zweibeinig an der Wade des Gastes. »Aus, pfui! Tut man das, Waldi?« – Wir ersparen uns die Antwort auf diese rhetorische Frage und gehen gleich dazu über zu erklären, was »Aufreiten« bei Kühen bedeutet. Denn auch in einer rein weiblichen Herde wird aufgeritten was die Hinterbeine aushalten. Ob hier sofort von gleichgeschlechtlicher Liebe bei Tieren die Rede sein kann? Hmm. Aber es schaut schon recht lustig aus, wenn so ein seriöses, selten lächelndes Nutztier den flotten Hirsch macht und mit seinem schwabbelnden Vierfach-Zumpferl eine Art Begattung probiert. An Skurrilität ist das allerdings noch zu toppen. Nämlich, wenn eine Kuh in einer Galtviehherde unverschämterweise einen Ochsen (Anm.: kastrierten Stier) besteigt. Der arme, arme Kerl.

Behirtung – Ein ähnlich geschmeidiges Wort wie »Alpung«, das sicher nicht von Menschen am Berg erfunden wurde, sondern von irgendwelchen juristischen Beamtenorganen in diversen Landwirtschaftskammern, um Gesetzestexte möglichst »g'schraubt« klingen zu lassen. Alsdann: Behirtung ist jener Vorgang, der mit der regelmäßigen Kontrolle des Viehbestandes einhergeht. Das Vieh wird dabei numerisch mit dem Protokoll verglichen und genau in Augenschein genommen, um eventuell auftretende Krankheiten im Frühstadium erkennen und behandeln zu können. Hierbei ist insbesondere darauf zu achten, dass dem Vieh immer genug Futterfläche zur Verfügung steht und dass nicht ungeeignete Geländeformationen (wie tiefe, nebelige Schluchten) die Fatalitätswahrscheinlichkeit erhöhen.

Biestmilch – Hat nichts mit »Die Schöne und das Biest« zu tun. Biestmilch nennt man jenen speziellen Saft, den die Mutterkuh in den ersten Tagen produziert nachdem sie ein Kalb zur Welt gebracht hat. Sie funktioniert für das Kalb wie eine schmackhafte Schluckimpfung, weil sie besonders reich an Vitaminen ist, sechs Mal so viel Eiweiß enthält wie normale Kuhmilch und all die Abwehrstoffe der Mutter auf das Kalb überträgt. Die Biestmilch schützt das Neugeborene vor Infektionen und bringt das Immunsystem auf Touren. Da das Kälbchen nie die gesamte Biestmilch trinken kann, die Mama im Überfluss produziert, kann sie vom Senner nachgemolken werden. Man erkennt sie auch daran, dass sie an der Oberfläche einen orangefarbenen Film bildet. Auch dem Menschen (natürlich nur jenen, die Milch vertragen!) bietet die Biestmilch heilende Wirkung vor allem durch die Stärkung des Immunsystems. Und Spitzensportler nützen sie, um im anaeroben Ausdauerbereich die Leistung angeblich um bis zu 80 Prozent zu steigern.

Blähung – Was eine Blähung im herkömmlichen Sinne ist, braucht wohl nicht erklärt zu werden. Und auch im Kontext mit Kühen wandelt sich der Begriff nicht derart, dass man ihn hier erwähnen müsste. Sehr wohl aber in Verbindung mit Käse – respektive der Herstellung eines solchen auf einer Alm. Wie in einem früheren Kapitel ausführlich geschildert, kann beim Käsemachen einiges schiefgehen. Zu den Symptomen gehört neben Rissen in der Außenhaut auch das Blähen des Käses. Dies tut er, wenn er – meist fertig gepresst und circa 24 Stunden in Salzlake gebadet – zum Reifen auf einem Holzbrett im Regal liegt. Wenn dann etwas nicht in Ordnung war beim Herstellungsprozess, beginnt sich der Käseteig als Folge von Bakterientätigkeit und Gasbildung unschön zu wölben und reißt in der Folge auf. Der Käse ist dann meistens ungenießbar.

Blauspray – Blauwal, Blaumeise, Blaukraut. Aber Blauspray? Nie gehört. Und es ist auch keines von diesen Wundermitteln, die man sich nach durchzechter Nacht in die Atemwege sprüht, um bei einer Kontrolle der Polizei mit 0,0 Promille zu beweisen, dass man nicht blau ist. Blauspray ist das Allheilmittel, wenn Kühe offene Verletzungen haben, beispielsweise durch einen Sturz auf einen Ast im steilen Gelände, durch gröbere Zankereien innerhalb der Herde oder wenn die Bremsen und Stechfliegen in heißen Sommern am »toten Fleck« der Kuh im Genick im Blutrausch sind. Blauspray ist – wie der Name schon andeutet – beim Sprühen tiefblau, damit man auch 24 Stunden später noch sehen kann, wohin man gezielt hat, und enthält in den meisten Fällen ein Antibiotikum, das man bei Rindern, deren Milch als Bio-Milch verkauft wird, natürlich nicht ohne weiteres verwenden darf. Es gibt zwar schon Blauspray-Wirkstoffe, die sich binnen Stunden abbauen, aber sicherheitshalber sollte die Milch der behandelten Kuh eine Zeitlang weggeschüttet werden.

Brennen – Auf gut Alt-Wienerisch: Bezahlen. Und zwar ordentlich; Alimente zum Beispiel. Steigerungsform: Brennen wie ein Luster (hochdeutsch: Kronleuchter). In Verbindung mit Alm ist »Brennen« ein Prozess während des Käsens. Der Käsebruch wird üblicherweise bei rund 50 Grad Celsius in einem Kessel »gebrannt« (auch wenn es nach flambieren klingt, er wird eigentlich nur erhitzt), nachdem man ihn geschnitten und etwas ruhen gelassen hat. Das Brennen verfestigt noch einmal die kleinen Eiweißklümpchen in der Molke, aus denen dann der Käse entsteht. Außerdem ist Brennen die letzte Stufe, bevor man den Käse in seine zukünftige Form zu bringen versucht. Was bedeutet: Der Käser kann beim Brennen noch ein letztes Mal durchatmen, während er die langsam steigende Temperatur auf dem Thermometer im Auge behält. Weil sich anschließend zeigt, ob er so halbwegs alles richtig gemacht hat oder ob er die nächste halbe Stunde nur herumfluchen wird.

Bruch – Oh ja, es können wirklich unschöne Dinge passieren im Laufe eines Almsommers: Schnittverletzungen, Klaffende Wunden, Verstauchungen, Brüche. Sowohl beim Vieh als auch beim Menschen alles schon gesehen. Nicht jeder Bruch kann jedoch mit Gips therapiert werden. Bruch ist nämlich gleichzeitig auch der Ausdruck für eine Zwischenstufe in der Käseherstellung. Wenn man zur Milch zwecks Eindickens Lab hinzugegeben hat und das Ganze eine Zeitlang einlaben (sprich: leicht gewärmt herumstehen) durfte, dann nimmt man ein langes Messer oder eine Harfe und zerteilt die entstandene (etwa mit der Konsistenz von Naturjoghurt oder warmem Sojakäse vergleichbare) Masse, so dass die Molke sich absetzen kann. Als Folge entsteht eine leicht milchige (Molke-)Soße, in der jede Menge weiße Bröckerln und Fetzen schwimmen, die sich langsam nach unten absetzen. Dies ist der Bruch. Jeder noch so geschmacklich ausgefeilte Käse hat einmal als einfacher Bruch begonnen.

Brunnen – Wenn ein Hirte von seinem Brunnen spricht, dann darf man sich nicht den Trevi-Brunnen in Rom vorstellen. Der Hirtenbrunnen besteht meist aus einem ausgehöhlten Baumstamm und einem senkrechten, zu einer Alm-Öhi-Figur geformten Stumpf, aus dem (meist in Nasenhöhe, manchmal aber auch im Lendenbereich) durch einen Hahn eiskaltes Quellwasser austritt. In vielen Almen ist dieser Brunnen die einzige Wasserquelle und wird zum Trinken und Waschen benutzt, wobei Letzteres ein gehöriges Maß an frostsicherer Überwindungsfähigkeit voraussetzt. Gleichzeitig ist der Brunnen auf der traditionellen Alm aber meist auch die einzige Möglichkeit zur Kühlung von wichtigen Lebensmitteln wie Butter, Milch, Buttermilch und Bier. In Österreich gibt es auf vielen Almen die ungeschriebene Regel, dass sich verdurstende Wanderer in Abwesenheit des Hirten auch in Haushaltsmengen an dem Eingekühlten laben dürfen. Einzige Bedingung: Das Trinkgeld muss so ausfallen, dass es dem Hirten bei seiner Rückkehr vom Vieh ein breites Lächeln ins Gesicht zaubert.

Butter – Richtige Butter besteht aus dem Fett der Milch. Durch Schlagen oder Stampfen des von der Milch gewonnenen Rahms entstehen größere Fettklümpchen oder »Körner«. Der physikalische Hintergrund: Durch das Stampfen werden die ursprünglichen Öltröpfchen zerschlagen und können sich auf diese Weise zu größeren Partikeln zusammenfinden. So stellt man aus circa 25 Litern Rohmilch etwa ein Kilo Butter her. Gekaufte Butter besteht aus mindestens 80 Prozent Fett und darf nicht mehr als 16 Prozent Wasser enthalten. Selbstgemachte Almbutter enthält in der Regel deutlich mehr Wasser, was ihrem einzigartigen Geschmack und dem tollen Gefühl beim Essen eines selbstgebutterten Butterbrotes aber keinen Abbruch tut und einen lustigen Knistereffekt beim Verstreichen verursacht.

Irgendwelche Farbstoffe (bis auf Carotin) oder Fremdfette (bsp. gehärtetes pflanzliches Fett in minderwertiger Margarine) sind bei im Handel erhältlicher Butter zum Glück verboten. Liest man in Österreich den Begriff »Sommerbutter« auf einer Verpackung, dann stammt die Milch, aus der diese Butter hergestellt wurde, ausschließlich von der Alm.

Buttermilch – heißt nicht etwa deshalb so, weil sie viel Butter (und damit Fett) enthält, sondern weil sie ursprünglich als »Abfallprodukt« der Butterproduktion entstand. Buttermilch aus dem Geschäft enthält in der Regel nur ganz wenig Fett (maximal ein Prozent). Grundsätzlich gibt es süße und sauere Buttermilch, je nachdem, ob die Butter aus noch süßem oder schon etwas saurem Rahm hergestellt wurde. Da heutzutage großteils Süßrahmbutter hergestellt wird, muss die dabei entstehende Buttermilch durch Milchsäurebakterien nachgesäuert werden.

Elektrischer Weidezaun – Bezeichnenderweise heißt das Weidezaungerät – also jenes Kastl von der Größe eines Sechserträgers Bier, mit dem der Weidezaun unter Strom gesetzt wird – in der internationalen Fachsprache nicht »Terminator« sondern »Energizer«. Obwohl Nacktschnecken beim Überklettern des Isolators angeblich sehr wohl einen tödlichen Infarkt bekommen. Herz dieses tragbaren »Energizers« ist üblicherweise eine Autobatterie, deren Leistung eigentlich für den ganzen Sommer reicht. Denn die im Sekundentakt durch den Zaun »tickende« Gleichstrom-Spannung wird nur dann entladen, wenn der Draht berührt wird, was allerdings auch schon ein ungünstig hängender feuchter Tannenzweig besorgen kann. Der Zaun selbst besteht heutzutage üblicherweise aus Plastikstäben, die in strategischem Abstand in den Boden gesteckt werden, und einem speziellen Plastikband, in das mehrere Metallfäden eingewebt sind. Diese Metallfäden leiten den Strom und verpassen dem Ausbrecher einen sehr kurzen Schlag, der eine Muskelkontraktion verursacht. Einer der größten Vorteile des elastischen Plastikbands: Wird es von der Kuh zerrissen, kann man die leitende Verbindung einfach dadurch wieder herstellen, dass man die beiden Enden zusammenknotet. Zu viele Flickstellen sollte das Band allerdings über den Sommer auch nicht bekommen, sonst versickert die Wirkung unterwegs zwischen Fuchs und Hase.

Enthornung – Das ist meiner Meinung nach ein wirklich trauriges Kapitel in der Beziehungsgeschichte von Mensch und Kuh. Die meisten europäischen Rinderrassen – außer zum Beispiel das schwarze, schlanke Angus – haben von Natur aus majestätische Hörner. Fragt man Bauern, warum ihre Kühe keine Hörner haben dürfen, dann bekommt man als Antwort: »Naja, die Verletzungsgefahr ist schon sehr hoch.« – Ob damit die Verletzungsgefahr der Kühe untereinander im überfüllten Stall gemeint ist oder jene des Bauern beim Ausmisten und Melken, wird meist offengelassen. Beides ist aus Sicht von Tierschützern kein Argument, dass viele Viehbauern (sogar offiziell genehmigt in Eigenregie ohne Tierarzt!) den Kälbern im Alter von ein paar Tagen auf oft schmerzhafte Weise durch Verätzen, Verbrennen oder Ausschälen die Hornknospen zerstören, sodass entweder gar keine Hörner wachsen oder nur zwei verkrüppelte Stümpfe. Manchmal wird im späteren Alter sogar einfach »nur« mit der Trennscheibe das Vorhandene abgesägt. Die Tiere selbst haben ja wohl seit Jahrtausenden gelernt, mit ihren Hörnern umzugehen, und Rangkämpfe sowie daraus manchmal resultierende kleinere Verletzungen gehören nun einmal zum natürlichen Verhalten der Kuh. Wenn wirklich lebensbedrohende Gefahr besteht, dann sind vermutlich zu viele Tiere im modernen – an sich begrüßenswerten – Laufstall, in dem die Tiere sich frei bewegen können. Was den Bauern betrifft, meinen Kritiker, so sollte er vielleicht auf Hühner- oder Hasenhaltung umstellen, wenn er das potenzielle Risiko, das von einer 600 Kilo schweren Kuh nun einmal ausgeht, nicht abschätzen könne und nicht eingehen wolle. Man könne den Tieren ja auch nicht die Klauen absägen, nur weil sie gefährlich werden könnten. Oder doch? Gemäßigte Enthornungsgegner sehen zum Glück schon ein Ende der unsäglichen Sitte aufkommen. So seltsam es aus Sicht der Kuh klingen mag, sie sagen: Die Enthornung der Tiere sei eine Modeerscheinung, die auch wieder verschwinden werde.

Euter – Haben Sie sich schon einmal Gedanken darüber gemacht, wie und woraus Milch entsteht? Okay, Milch entsteht im Euter. So weit, so gut. Aber genauer? Das Euter besteht aus Drüsengewebe und dieses wiederum aus Drüsenbläschen, den sogenannten Alveolen. Die Wände einer solchen Alveole bestehen aus milchbildenden Zellen, die aus dem Blut der Kuh Fett, Eiweiß, Zucker, Mineralstoffe, Vitamine und natürlich Wasser herausholen. Zusammen ergibt das Milch. Klingt kompliziert, ist es auch. Wirklich faszinierend ist dabei, dass für die Gewinnung von einem Liter Milch rund 500 Liter Blut durch das Euter gepumpt werden müssen. Bei etwa 20 Litern Milch, die eine Kuh so am Tag (in einer morgendlichen und einer abendlichen Melksession) gibt, sind das 10 000 Liter Blut. Faszinierende Tierchen, nicht wahr?

Fremdkörpermagnet – Wer den erfunden hat, dem gehört eigentlich der Rindernobelpreis verliehen! Die Geschichte dazu geht so: Kühe haben fast immer Hunger und fressen ja den ganzen Tag, wenn sie nicht gerade schlafen, raufen oder wiederkäuen. Und wenn man so den ganzen Tag Gras vom Boden rupft, geht leider erschreckend oft etwas mit, das man nicht schlucken sollte. Alte Nägel (von morschen, zerfallenen Zäunen) gehören da zum Schlimmsten, das bei einer Kuh in einem ihrer vier Mägen landen kann. Oft passiert es, dass sich so ein alter Nagel von innen in die Magenwand bohrt und höllische Schmerzen und Entzündungen verursacht, sodass das liebe Vieh nicht mehr frisst und im allerschlimmsten Fall qualvoll zugrunde geht. Und hier kommt der Fremdkörpermagnet ins Spiel. Er ist wie ein übergroßes Bonbon, das die Kuh leider widerwillig (mit Hilfe eines Rohrs) hinunterwürgen muss: Ein etwa weißwurstdickes zehn Zentimeter langes stabiles Plastikgitter mit einem sehr starken Magneten in der Mitte. Dieser Magnet ist imstande, den rostigen Nagel aus dem Gewebe herauszuziehen und so in das Plastikgitter aufzunehmen, dass er »entschärft« ist und keinen Schaden mehr anrichten kann. Den Fremdkörpermagneten gibt es in zwei Versionen: »Forte«, mit einem sehr starken Magneten, wenn am Röcheln und durch Drucktests offensichtlich ist, dass die Kuh schon Schmerzen hat. Und »Piano«, wenn der Bauer eventuell im Gras liegenden Nägeln (oder weggeworfenen Kronkorken) vorbeugen will. Der Magnet verbleibt dann den Rest des Rinderlebens im Magen der Kuh und kommt erst wieder zum Vorschein, wenn die Kuh in den Armen des Fleischhauers das Zeitliche segnet.

Frischkäse – ist sehr eng verwandt mit Topfen. Frischkäse sagt man zu allen Käsearten, die ganz ohne Reifung gleich gegessen werden können. In diese Kategorie gehören so klingende Produkte wie Ricotta, Mozarella, Mascarpone, Hüttenkäse, Philadelphia oder Manouri. Auch wenn er meist durch sein dezentes Maß an Säuerlichkeit nicht danach schmeckt, kann Frischkäse ordentlich viel Fett enthalten.

Galtvieh – In den ersten Wochen habe ich immer das hübsche Wort »Goldvieh« verstanden. Dieser Kärntner Dialekt! Galtvieh ist ein Ausdruck, der schon im 15. Jahrhundert verwendet wurde und eigentlich Kühe meinte, die nach einer längeren Kälberpause keine Milch mehr geben. Heute wird der Ausdruck von den Bauern aber vor allem für eine Herde von (»goldigem«) Jungvieh und Kalbinnen verwendet, die *noch* keine Milch geben. Jungstiere und Ochsen (also entmannte Stiere) werden hier manchmal mitgerechnet.

Geschwärzte Kühe – Das kann ziemlich unheimlich aussehen, wenn man nicht darauf vorbereitet ist: Da geht man arglos wie jeden Tag zu seinem Vieh, und statt der hübschen braun-weiß gefleckten Gesichter haben die Mädels schmuddelgraue Visagen und schwarze Zungen, als hätten sie sich alle Heidelbeeren des Waldes in der Nacht einverleibt. Des Rätsels Lösung: Sie haben oben auf der Anhöhe den Kopf zu tief in die Asche des letzten Sonnwendfeuers (oder eines vom Blitz getroffenen, ausgebrannten Baums) gesteckt. Warum sie das tun sollten? Um Mineralien zu naschen. Wenn man die Antwort einmal kennt, muss man beim Anblick der unfreiwilligen Kriegsbemalung unweigerlich lachen. Denn dann sehen die imposanten, mehrere hundert Kilo schweren Jungdamen nicht anders aus als Riesenbabys, die sich in einer zufällig neben dem Sandkasten entdeckten schlammigen Pfütze vergnügt haben. Nur dass sich die besudelte Lederstrampelhose nicht einfach von Mama in die Waschmaschine stecken lässt. Der Büßer-Look hält bei den Kalbinnen und Jungkühen zumindest bis zum nächsten Regen an.

Großvieh-Einheit – Wird in Special-Interest-Magazinen wie »Rinder-Revue« oder »Kuh-Kurier« auch mit GVE abgekürzt. Gradlinig denkende Laien mit gutem Wortverständnis könnten vermuten, dass man zu einer Großvieh-Einheit auch einfach »Kuh« sagen kann, aber das ist natürlich viel zu einfach. Der Begriff »Großvieh-Einheit« wurde kreiert, um ein einheitliches Abrechnungssystem für die EU-Förderungen zu ermöglichen. Natürlich ist mit »einer Großvieh-Einheit« eigentlich eine Kuh gemeint. Aber nur eine *ausgewachsene*. Jungkühe mit bis zu zwei Jahren gelten bloß als 0,6 Großvieh-Einheiten. Und der Bauer bekommt nicht die (bei Druck dieses Buches) üblichen 21 Euro Förderung für die Alpung seiner Kuh (wenn sie nachweislich mehr als 60 Tage auf der Alm war), sondern nur 12,60 Euro.

Harfe – Sie haben vermutlich hierhin vorgeblättert, als das Wort unter dem Stichwort »Bruch« gefallen ist? Das kann ja wohl nicht ernst gemeint sein, dass man mit einer Harfe – einem Instrument, das üblicherweise Engeln, dem Asterix-Barden Troubadix und Ulme bei Wickie zugesprochen wird – den werdenden Käse bearbeitet, damit er geschmacklich mehr Musik macht? Sehr richtig gedacht! Aber eine Käseharfe hat durchaus Ähnlichkeit mit der Troubadixschen Abschreckungswaffe: Sie hat lange Zinken, um die eingelabte Milch zu durchteilen, und sieht – je nach Ausführung – entweder wie ein großer Läusekamm oder wie das Drahtgestell eines Wäscheständers aus.

Herde – Wie viele Kühe machen eine Herde? Zwei? Fünf? Zwanzig? Schwierig. Klar ist jedenfalls, dass eine Herde ohne Herdenverhalten ähnlich problematisch ist wie ein Haufen Mauerziegel ohne Mörtel. Damit der Hirte eine Chance hat, seine Herde von A nach B zu führen, müssen die Kühe ein gewisses Zusammengehörigkeitsgefühl entwickeln. Was hier die treibende Feder ist, können Verhaltensforscher nur ahnen. Einsamkeit? Angst? Freundschaft? Futterneid? Drohende Langeweile? Das wissen wohl nur die Tiere selbst. Tatsache ist aber, dass die Milchleistung einer Kuh außerhalb der Herde nachlässt, weil sie sich nicht wohl fühlt, und dass sich Kühe auch mit viel Bewegungsspielraum gerne in größeren Gruppen aufhalten. Wobei es auch gut sein kann, dass es im Laufe eines Sommers zwischen diesen eingespielten Gruppen zu Überläufen und Abschiebungen kommt.

Hirtenstock – So, wie der Hirtenhut, ist auch der Hirtenstock ein Accessoire, das Sinn macht und nicht nur aus optischen Gründen herumgeschleppt wird. Natürlich ist er hilfreich, um sich im Viehsalz-geilen Gedränge einer Jungherde die Hornträger vom Leib zu halten. Und hin und wieder tut auch ein freundschaftlicher Klopfer aufs lederne Hinterteil der Erziehung ganz gut. Wichtigster Punkt, weshalb Hirten einen Hirtenstock brauchen, ist aber meiner Meinung nach, weil der Hirte eigentlich permanent abseits der Trampelpfade querfeldein unterwegs ist.

Er läuft, er springt und tut dies oft in Eile oder mit den Augen auf seine Herde gerichtet. Dabei tut der »dritte Fuß« gute Dienste. Im hohen Gras steckt man ihn tastend vor, beim steilen Bergabgehen stützt man sich vorbeugend ab, und im Wald nützt man ihn, um tiefhängende Äste oder Spinnweben aus dem Weg zu schieben.

Huf – Das ist wie mit den Heißluftballons: Heißluftballons fliegen nicht, sie fahren. Kühe haben keine Hufe, sondern Klauen. Wer einmal mit einem Heißluftballon geflogen – pardon – gefahren ist und danach vom Ballonfliegen redet, der muss unter Ballonfahrern eine Lokalrunde schmeißen. Unter Hobbylandwirten ist die Strafe für »Kuhhuf« ungleich härter. Dem Vernehmen nach muss der Delinquent sich unter die nächstbeste Kuh legen und alle vier Euter austrinken. Und in denen können vor dem Abendmelken locker 15 Liter drin sein …

Kalbin – Es wäre wirklich zu einfach, wenn eine Kalbin schlicht ein weibliches Kalb wäre. Eine Kalbin kann theoretisch auch zehn Jahre alt sein. Was eine Kalbin von einem Kalb unterscheidet, ist, dass die Kalbin schon Lust auf Sex hat (geschlechtsreif ist). Was eine Kalbin von einer Kuh unterscheidet (im Stammtischgespräch mit Bauern wichtig) ist, dass sie noch kein Kälbchen zur Welt gebracht hat, also entweder Jungfrau oder auch alte Jungfer ist und daher keine Milch gibt.

Klaue – Da stellt man sich üblicherweise das knöchrige, mit scharfen Fingernägeln bewehrte Greif- und Würgeorgan eines grünen Zombies vor. Aber auch Kühe haben Klauen – die fälschlicherweise oft Hufe genannt werden. Kühe gehen – im Vergleich zu uns Menschen – auf den Zehen. Technisch gesehen ist eine Kuhklaue ein großartiges Gerät, das bei allen Wetterlagen und in fast jedem Gelände idealen Halt bietet. Die Klaue eignet sich sowohl für tiefen Morast und Flussüberquerungen als auch für das gefühlvolle Steigen in steilem, felsigem Gelände. Es ist für den Viehhüter immer wieder faszinierend (wenn auch ärgerlich) festzustellen, was für extremes Gelände eine Kuh mit ihren mehreren hundert Kilo Lebendgewicht zu bewältigen imstande ist, wenn ihr ein paar Büschel Delikatess-Gras in Aussicht stehen. Dabei gehen die Kühe meist sehr vorsichtig und langsam vor. Und man sollte nie auf die Idee kommen, die Tiere beim Zurückholen auf die Weide zu hetzen. Eine Kuhklaue ist sehr weich, wächst im Jahr rund 7,5 Zentimeter und nützt sich beim Gehen um diesen Zuwachs wieder ab. Nur bei langem Steh- und Liegeaufenthalt im Stall funktioniert das nicht wirklich. Deshalb sollte der Bauer im eigenen Interesse spätestens alle halben Jahre bei seinen Tieren eine Klauenpflege durchführen (lassen), um die Damen von ihren Plateauschuhen herunterzuholen. Denn wenn die Kuh durch Verwachsungen Schmerzen hat, lässt als Allererstes die Milchleistung nach.

Kuhfladen – Ein kleines, oft unterschätztes Universum für sich. Ganz abgesehen davon, dass Hirten in den baumlosen Steppen der Mongolei bis heute Kuhfladen statt Holz zum Heizen nützen, sind die 30 bis 40 Kilo Kot, die eine Kuh pro Tag von sich gibt, als Nahrung und Behausung nützlich für alle möglichen Kleintiere, von der Fliege, über Käfer und Tausendfüßler bis zum Regenwurm. Zudem, so haben Forscher in Großbritannien vor kurzem durch Zufall herausgefunden, befindet sich im Kuhdung ein Bakterium, das beim Menschen gute Laune macht. *Mycobacterium vaccae* löst (in abgetötetem Zustand) im menschlichen Organismus eine Reaktion aus, die Serotonin produziert, in der Folge zu einer Stärkung des Immunsystems führt und gleichzeitig gegen Depressionen wirkt. Ein guter Viehhirte verpasst einem alten Kuhfladen in seinem Weg immer einen bewundernden, sanften Tritt, um ihn etwas zu verteilen. Denn in einer Welt, in der jedes Pflänzlein mit allerhöchstem Aufwand um einen Platz an der Sonne ringt, wirken die Nährstoffe eines Kuhfladen wie ein Zaubertrank auf das, was darunter liegt. So kann man quasi im Vorbeigehen die Düngung für die Weide im nächsten Jahr erledigen.

Lab – Ein herrliches Wort für das Finale jedes Scrabble-Spiels, wo nur noch Stummelwörter ins Vokabelnetz eingeflochten werden können, bevor es Minuspunkte hagelt (»Lab« bringt beim Anstückeln bis zu fünf Zusatzpunkte!). Lab ist ein Enzymgemisch, das, seit es Käse gibt, aus dem Magen von Kälbern gewonnen wird und hauptsächlich aus Chymosin besteht. Ein paar Tropfen dieser hochaktiven Substanz genügen, um 20 bis 50 Liter Milch zum Koagulieren zu bringen. Technisch-physikalisch gesehen nimmt das Lab den Kaseinpartikeln in der Milch ihre sich gegenseitig abstoßende, negative elektrische Ladung ab. Die Kaseinpartikel verketten sich und bilden dann eine gallertige Masse, die mit Hilfe einer Harfe oder eines langen Messers langsam und vorsichtig in Käsebruch und Molke getrennt wird.

Löcher – Für Golfer und Holzwürmer haben sie eine andere Bedeutung als für einen Schweizerkäse-Hersteller. Wie die Löcher nun wirklich in den Käse kommen, wird oft als gut gehütetes Geheimnis gehandelt. Aber sicher ist, dass sie nicht von den Schweizern erfunden wurden. Beim normalen Almkäse entstehen Löcher hauptsächlich durch zu schwaches Pressen des fertigen Laibes und durch Schlampigkeit bei der Milchbehandlung davor. Sprich: Ein Käse bläht, wenn sich Bakterien bilden können, die Gase von sich geben. Meist leidet dann auch der Geschmack des Käses darunter. Man kann die Löcher aber auch absichtlich in den Käse zaubern. Dies geschieht dann durch Beigeben einer eigenen Reifekultur, die ebenfalls ein Gas erzeugt, das für Blasen sorgt, die dann wiederum im gereiften, festen Käse erhalten bleiben. Die Schweizer sind aber zumindest – im Gegensatz zu den Holländern – Meister in dieser Disziplin des lebensmitteltechnischen Höhlenbaus.

Magerweide – An dieser Stelle muss ich ehrlich sein: Ein dreitägiges Hirtenseminar ist kein Landwirtschaftsstudium, weshalb ich eine ausführliche Erklärung, was genau eine Magerweide ist, nicht so liefern kann, dass die Botaniker unter den Lesern nicht die Hände überm Kopf zusammenschlagen. Aber nur so viel, weil der Begriff im Text fällt: Es gibt verschiedene Arten von Weiden, bei denen die Bodenbeschaffenheit (Mineralgehalt, Feuchtigkeit, Gefälle, Ausrichtung) bestimmt, was dort wächst, und in der Folge, wie nahrhaft diese Pflänzlein für die Kuh sind. Der Begriff Magerweide steht im Gegensatz zur Fettweide, es gibt aber Dutzende Abstufungen und genauere Typisierungen dazwischen.

Mastitits – Wörter, die auf »itis« enden, klingen nie gut. Bei Mastitits ist das auch zu Recht so. Der Begriff steht für eine Entzündung des Euters bei der Kuh, für die sich der Melker in den meisten Fällen schuldig fühlen sollte. Beim Melken schießt die Milch durch den sogenannten Strichkanal hinaus. Dieser hat an seinem Ende einen Schließmuskel, der beim Melken geöffnet ist. Hier können Bakterien von außen eindringen. Staatsfeind Nummer 1 ist in den europäischen Alpen ein gewisser *Staphylococcus Auraeus*. Bekommt er während des Melkens – insbesondere in der Phase, in der sich die Zitze wie ein kleiner Saugrüssel wieder ausdehnt – Gelegenheit für sein schändliches Werk, weil der Melker sich nicht die Hände gewaschen oder vorher nicht ordentlich die Zitzen von Mistresten befreit hat, dann hat er es leider sehr leicht. So, als ob unsereiner mit einer Bowlingkugel in einen zweispurigen Autobahn-Straßentunnel treffen müsste. Gelangt die Bakterie auf diesem Weg bis zur Milchdrüse, ist – um in der Hirtensprache zu bleiben – die Kuhscheiße am Dampfen. Eine Entzündung entsteht, die nicht nur die Milchleistung reduziert und die Milch selbst unbrauchbar macht, sondern auch so schlimm werden kann, dass der Kuh der Gnadenstoß versetzt werden muss. Dass Kühe leider immer häufiger unter Mastitis leiden, liegt auch daran, wie die Tiere heute gezüchtet werden: Sie sollen nämlich leichter von der Maschine melkbar sein, also eine eher kurze Zitze haben und daher auch einen kurzen Strichkanal, was den Bakterien das Eindringen sehr erleichtert. Wie man eine Mastitis erkennt? Das ist bei Interesse nachzulesen unter »Schalmtest«.

Mauke – Es wurde bereits im ersten Kapitel erwähnt: Mauke ist kein norddeutscher Frauenname, und hier ist auch nicht jener gleichnamige »Schatz« aus persönlichen Erinnerungsstücken gemeint, den Kinder in Schlesien anzulegen pflegten. Mauke ist eine juckende und im weiteren Verlauf sehr schmerzhafte Entzündung im Bereich der Klauen einer Kuh (gibt es auch bei Pferden). Die Ursachen dafür sind vielfältig. Meistens hängt die Entzündung aber damit zusammen, dass der Fuß zu viel Nässe abbekommt, in der Folge die Haut aufweicht und für Bakterien und leichte Verletzungen empfänglich wird. Es gehört auch zu den Aufgaben des Hirten, solche Entzündungen rechtzeitig zu entdecken und zu melden. Oft bekommt die Kuh dann einen schonenden Überschuh mit Salben über die betroffene Klaue gezogen, der weitere Bakterien fernhält und den Heilungsprozess beschleunigt. Auslöser für Mauke sind oft feuchte, schlecht gereinigte Ställe, aber angeblich auch fette, kleereiche Weiden im Spätsommer. Zu dieser Zeit hört das Gras auf zu wachsen und speichert bestimmte Eiweißstoffe, die die Infektion fördern.

Melkersyndrom – Schlecht denkende Menschen könnten glauben, beim Melkersyndrom handle es sich um das krankhafte Bedürfnis, alles, was auch nur entfernt nach Euter aussieht, zu begrapschen. Falsch. Beim Melkersyndrom schwellen dem untrainierten Melker die Muskeln und Gefäße in den Unterarmen so an, dass die Nerven in den Fingern regelrecht abgedrückt werden. Das äußert sich dann darin, dass einem vor allem nachts die Hände einschlafen und sie sich morgens beim Aufstehen anfangs kaum bewegen lassen. Ein extrem unangenehmes Gefühl, bei dem man sich ernsthaft Sorgen macht.

Wenn es bereits da ist: viel bewegen und massieren und abschwellende, durchblutungsfördernde Salben verwenden. Vorbeugend: einige Wochen vor der Alm Fingerhanteln besorgen und die Muskulatur vorab stärken. Das sieht zwar im Supermarkt und in der Straßenbahn komisch aus, lindert die nachfolgenden Probleme aber deutlich.

Melkfett – Jede bessere Drogerie hat heute Melkfett, weil es für die Hautpflege (wieder-)entdeckt wurde. Es handelt sich in der Regel um ein mineralölhaltiges, gelbliches Fett auf Basis von Paraffin, mit dem die Zitzen der Kuh nach dem händischen Melken gepflegt und geschützt werden. Kleine und kleinste Verletzungen heilen mit Melkfett schneller ab.

Milchleistung – Als wären ihre Kühe getunte Sportwagen, wetteifern Milchbauern am Stammtisch gerne um die Kuh mit der höchsten Leistung. Aber nicht Kilowatt oder PS sind hier die Maßeinheit für beeindruckte Zuhörer, sondern Kilo oder Liter »Milch pro Tag«. Während ein Kälbchen pro Tag circa acht Liter Milch benötigt, gibt es heutzutage Hochleistungsmilchkühe, die bis zu 50 Liter produzieren. Dabei wird die Milchmenge beim Morgenmelken mit jener beim Abendmelken zusammengerechnet. Diese irrwitzigen Mengen kommen durch spezielle Zucht und spezielles Kraftfutter zustande und verringern in der Regel auch die Lebenserwartung der Kuh von zehn bis zwölf Jahre auf sechs bis acht Jahre. Da die Kuh durch diese Organismusbelastung oft irgendwann unfruchtbar wird und nach etwa einem weiteren Jahr Milchproduktion die »Quelle« versiegt, müsste man das Tier dann eigentlich schlachten, was die Sache unrentabel macht. Deshalb ist es in den USA erlaubt, Kühen leistungssteigernde Hormone zu verabreichen, die auch eine künstliche Milchproduktionsphase (wie nach einer Kälbergeburt) einleiten können. Obwohl diese Mittel in Europa (noch) verboten sind, wird der schwer zu kontrollierende weltweite

Internetmarkt diese Hormonpräparate wohl auch heute schon in die EU schwemmen. Prost Mahlzeit!

Milchunverträglichkeit – Auf g'scheit gesagt: Laktose-Intoleranz oder Kohlenhydratmalabsorption. Das Thema ist für viele Forschungsbereiche eine faszinierende Fundgrube. Denn eigentlich hat die Natur vorgesehen, dass nur Säuglinge in der Lage sind, den in der Milch enthaltenen Milchzucker mit Hilfe eines vom Körper produzierten Enzyms (Laktase) bei der Verdauung zu spalten und so durch die Darmschleimhaut zu lassen, die bestimmt, was dem Körper zugeführt wird und was durchmarschieren muss. Interessanterweise hat es aber in der Evolution des Menschen in manchen Gegenden eine kleine genetische Veränderung gegeben. Die Wissenschafter erklären das so: Während in südlichen, wärmeren Ländern (wie im Mittelmeerraum) durch das Klima die Landwirtschaft in der Steinzeit rund ums Jahr reichlich Feldfrüchte als Nahrung lieferte, mussten im Norden Europas lebende Menschen speziell im Winter auch andere Nahrungsquellen erschließen bzw. (aus der Kindheit) bewahren, wie z.B. die Milch von Kuh, Schaf und Ziege. Daraus erklärt sich, weshalb in skandinavischen Ländern 95 Prozent der Erwachsenen Milch vertragen, also nicht die »normale« Laktose-Intoleranz haben und weiter südlich sehr viel weniger. Im deutschen Sprachraum vertragen rund 18 Prozent der Menschen keine Milch. Im rund ums Jahr warmen Thailand sind es fast 100 Prozent, in Afrika in den meisten Gegenden deutlich über 90 Prozent. Wenn ein Mensch mit Milchunverträglichkeit trotzdem zu dem ansonsten sehr gesunden Getränk greift, wird der Milchzucker nicht vom Dünndarm aufgenommen, weil ihn die Wächter des Körpers mangels Abbau-Enzym nicht in die »Festung« lassen, sondern er wandert weiter in den Dickdarm, wo sich Bakterien seiner bemächtigen und für Gärung und in der Folge für Blähungen und Durchfall sorgen.

Mist – hat auf der Alm zwei Bedeutungen. Zum einen als eher sanfter Kraftausdruck, wenn dem Hirten nach zweistündigem Stampfen und Schlagen der Boden des Butterfasses bricht und sich das mühsam errungene fettige Elixier in die Ritzen des Kuchl-Holzbodens verteilt. Zum anderen ist Mist natürlich jenes Abfallprodukt der Kuh, das bei der Darmentleerung (etwa 10 bis 15 Mal am Tag) entsteht und das sich hervorragend als Dünger im Gemüsegarten eignet. Der mit großer Wahrscheinlichkeit passendste Augenblick, »Mist!« zu sagen, ist, wenn man gerade eine halbe Stunde lang im Schweiße seines Angesichts den Stall mit einer großen Schaufel von Rinderexkrementen befreit hat und die gerade hereinkommende Lieblingsmilchkuh des Hirten just in diesem Moment einen neuen großen Haufen macht.

Model – Ein kleines Stück Luxus auf einer Alm, das Schönheit und Stil in die bescheidene Hütte eines Almsenns bringt und oft viele, viele Jahrzehnte überdauert, ohne zu altern. *Die* Model ist eine etwa Taschenbuch große, vielfach kunstvoll geschnitzte Holzform, in die man die frisch gestampfte oder gerührte Butter hineinstreicht. Am besten man lässt die Model sich vor Gebrauch ein paar Stunden mit Wasser vollsaugen. Zum einen quillt dadurch das Holz auf und schließt Lücken in der einfachen Konstruktion. Zum anderen bleibt die eingefüllte Butter danach nicht mehr so leicht am Holz kleben, das seinen »Durst« sonst am feuchten Inhalt stillen würde. Wenn die Butter sorgfältig in alle Winkel der Model verteilt ist, sollte man diese am besten in einem wasserdichten Behälter in den Brunnen zum Herunterkühlen geben. Das Ganze dann nach ein paar Stunden auf einem passenden Brettchen ausgeklopft, und fertig ist das Butterschmuckstück, auf dem dann üblicherweise ein reliefartiges Edelweiß, eine Kuh oder ein Murmeltier prangt.

Molke – »Das ist das, was übrig bleibt, wenn der Käse aus der Milch ist«, würde man wohl Kindern einfach und korrekt sagen. Die Molke ist die fettfreie, halbklare, interessanterweise manchmal sogar leicht grünliche Flüssigkeit, die nach der Herstellung und dem Abseien des Käsebruchs im Kessel verbleibt. Wenn der Käsebruch mittels Lab hergestellt wurde, spricht man von Süßmolke. Wurde Milchsäure verwendet, heißt das Überbleibsel Sauermolke. Die Molke selbst ist sehr gesund, enthält hochwertiges Molke-Eiweiß sowie B-Vitamine, Mineralstoffe und Milchzucker. Trinkt man sie nicht selbst (ist nicht jedermanns Sache), sind Hausschweine sehr dankbare Verwerter.

Muh – Mit diesem drei Buchstaben umfassenden Laut unterstellt man Kühen oft, dass sie einsilbig und folglich ein wenig dämlich sind. Aber: So, wie jeder Hundebesitzer weiß, dass sein Bello nicht nur »Wau!« machen kann, und jeder Kanaribesitzer, dass sein gelber Liebling nicht nur »Piep!« von sich gibt, so macht auch die Kuh nicht einfach nur »Muh!« Denn »Muh!« kann ein sehr differenzierter Laut mit vielen Schattierungen und noch mehr Bedeutungen sein. Ein Londoner Phonetik-Professor hat sogar unlängst festgestellt, dass sich Kühe – ähnlich wie Vögel – eines regionalen Dialekts bedienen. Selbst die Internetsuchmaschine Google findet mehr als vier Millionen Einträge, wenn man nach »Muh!« sucht. Wie schlecht beobachtet »Muh!« als Bezeichnung für den Laut einer Kuh ist, sieht man sofort, wenn man ihr einmal beim »Muh!«-Machen zusieht. Oder haben Sie schon einmal bemerkt, dass eine Kuh vor dem Rufen den Mund schließt und bewusst die Lippen aufeinanderlegt, um ihre Mitteilung an die Umwelt mit einem »Mmm« einzuleiten? Eben.

Murmeltier – »Murmel, murmel, murmel ...« Dieser Eintrag hat hauptsächlich den Zweck, Vätern bei ihrer Almwanderung eine Waffe gegen die ansonsten wohl nur unseriös zu beantwortende Frage »Papi, warum heißt das Murmeltier Murmeltier?« in die Hand zu geben. Weil Väter dann nämlich meistens improvisieren und sagen: »Das heißt so, weil Papa Murmeltier zu seiner Frau im Murmeltierbau immer nur ganz leise murmelt, damit man sie von draußen nicht streiten hört.« Die Wahrheit hierzu ist interessant und ausgesprochen herzig zugleich: »Murmel« leitet sich über diverse althochdeutsche Lautverschiebungen vom lateinischen »Mus montis« ab, was nichts anderes als »Bergmaus« heißt. Und wer jetzt das Gespräch bis in die Eiszeit (und womöglich zu den Dinosauriern) verschleppen will, der fügt noch hinzu: Die Murmeltiere sind übrigens viele Millionen Jahre alt und aus Nordamerika über die Beringstraße nach Europa und Asien eingewandert. Ja, Murmeltiere sind Amis.

Rahm – entsteht, wenn man Rohmilch (also frische Kuhmilch) ein paar Stunden (gekühlt!) stehenlässt. Der Rahm (Sahne) setzt sich von der sogenannten »Magermilch« am oberen Rand des Gefäßes ganz von allein ab, weil er leichter ist. Dort kann er vorsichtig mit einem Löffel abgeschöpft werden, um ihn weiter zu Butter (und Buttermilch) zu verarbeiten. Heutzutage erledigt diesen Absetzprozess eine Zentrifuge schneller und gründlicher. Statt der Schwerkraft trennen dann die Fliehkräfte Rahm und Magermilch sauber voneinander.

Rauschbrand – Wie bereits im ersten Kapitel erwähnt, ist dies nicht jene Dursterscheinung, die man nach einer durchzechten Nacht am nächsten Morgen verspürt. Rauschbrand ist eine sehr schnell, sehr tödlich wirkende Krankheit, die Kühe über kleinere Verletzungen im Darmtrakt oder an den Hufen von der feuchten Weide aufnehmen können. In manchen Regionen Mitteleuropas haust dort ein Bakterium namens *Clostridium chauvoei.* Einmal im Körper angelangt, geht alles leider unaufhaltsam schnell. Der Übeltäter vermehrt sich, zerstört das Gewebe und stößt ein Gas aus, das die Kuh aufbläht. Das Tier wird vergiftet und kann innerhalb eines Tages sterben. An sich ist die Krankheit nicht ansteckend. Andere Tiere in der Herde sind aber nicht davor gefeit, das Bakterium an derselben Stelle der Weide ebenfalls aufzunehmen. Allerdings gibt es für Kühe eine Schutzimpfung gegen Rauschbrand.

Riffel – Wenn ich der anschaulicheren Erklärung wegen kurz unappetitlich sein darf: Ein Riffel funktioniert wie ein Läusekamm, nur für Schwarzbeeren. In der Theorie fährt man mit diesem aus »Hunderter-Nägeln« und etwas Holz zusammengezimmerten Handgerät durch das Blätterwerk der Schwarzbeersträucher und fängt so die reifen Beeren (plus ein paar Blättern) ein. In der Praxis habe ich zumindest für mich herausgefunden, dass das einzelne Abpflücken der Beeren (eventuell mit Einweg-Gummihandschuhen gegen das verfärbende Blau) am Ende schneller geht. Nimmt man den Riffel, steht man nachher ewig in der Kuchl, entfernt Blätter und unreife Beeren, die besser noch am Strauch geblieben wären, und muss die schönen Früchte teilweise noch von ihren Stengeln befreien. Pflückt man sie gleich sauber, braucht man für die gleiche Menge natürlich draußen länger, braucht aber nachher nichts mehr zu tun. Und von den unreifen Beeren hat man noch in zwei Wochen etwas.

Rohmilch – Ein Ausdruck, der irgendwie irreführend ist, wenn man weiß, was er bezeichnet. Mit »Rohmilch« ist nämlich die Milch gemeint, wie sie frisch aus dem Euter kommt, noch bevor sie über 38 Grad erhitzt, sterilisiert, pasteurisiert oder sonst wie be- oder verarbeitet wird. Sie ist in diesem Stadium nicht »roh«, sondern »frisch von der Kuh«, enthält in der Regel zwischen 3,5 und 4 Prozent Fett und schmeckt – zumindest meiner Meinung nach – am besten; vielleicht noch ein bisschen besser, wenn man sie gekühlt trinkt. Zungenzeugenberichte, wonach diese frische Milch für städtische Supermarktpackerlgeschmäcker untrinkbar wäre, kann ich nicht bestätigen. Es soll aber (auch von der Ziegenmilch bekannt) einen Zusammenhang geben zwischen dem Geschmack der Milch und den Geruchs- und Hygienebedingungen im Melkstall. Und natürlich nimmt die Milch ein wenig das Aroma von jenen Dingen an, die die Kuh in den letzten Stunden gefressen hat. Da kann es schon sein, dass »Silofuttermilch« schlechter schmeckt als »Alpenkräutermilch«.

Sauermilch – Kennen Sie noch echte Sauermilch? Als Kinder hatten wir meistens zwei Schälchen mit »werdender« Sauermilch in der Küche stehen, weil oft zu viel Milch eingekauft wurde, die dann zu säuern begann. Sauermilch gab es dann mit Marmelade oder mit Zimtzucker. Eine herrliche Nachspeise! Heutzutage kann man die meisten »normalen Milchen« aus dem Supermarkt nur noch ins Klo schütten, wenn sie einmal »drüber« sind, weil sie nicht mehr schmecken, wenn sie sauer werden. Daran dürften Verarbeitungsprozesse wie die (aus Milchsicht ziemlich brutale) Homogenisierung schuld sein, bei der die auf 50 bis 70 Grad erwärmte Milch mit einem Druck von 100 bis 240 bar »zerschossen« wird. Die Fettbestandteile werden dabei auf ein Fünftel ihrer normalen Größe (auf zirca 0,001 Millimeter) zerstückelt. Sauermilch entsteht heute in der Produktion nach dem Homogenisieren, indem man bestimmte Milchsäure-Bakterien zusetzt.

Schalmtest – Nein, das ist kein Druckfehler, der eigentlich Schelmtest heißen soll und der Intelligenz von Viehhüter-Anwärtern auf den Grund geht. Beim Schalmtest (wird auch als »California-Mastitis-Test« bezeichnet) werden ein paar Spritzer frischer Milch direkt in eine kleine Testschale gemolken. Eine Chemikalie (eine Mischung aus Natriumdodecylsulfat und Harnstoff) wird beigegeben. Diese Substanz zerstört die Außenwände der Zellen in der Milch und verändert dadurch das Aussehen der Probe. Bleibt die Testmilch flüssig, ist alles in Ordnung (man spricht von »wenig Zellen in der Milch«), wird sie geleeartig, dann liegt eine Euterentzündung vor (man spricht von »vielen

Zellen in der Milch«), die in der Fachsprache Mastitis genannt wird. Der Schalmtest funktioniert so ähnlich wie ein AIDS-Test. Man sucht nicht nach den tatsächlichen Krankheitserregern, um die Erkrankung festzustellen, sondern nach Substanzen (Antikörpern), die der Organismus erzeugt, um die Attacke der Krankheitserreger abzuwehren. Deshalb ist die Hiobsbotschaft auch ein »positiver« AIDS-Test, und nur der »negative« Befund löst irritierenderweise Erleichterung aus.

Schotten – Außer der Bedeutung »rothaarige Männer in Röcken, die mit Baumstämmen werfen und in Säcke dudeln«, ist Schotten auch ein Wort aus der Käseherstellung. Wobei sich hier die Geister ein wenig scheiden: Manchmal wird das Wort Schotten eins zu eins statt Topfen verwendet, gelegentlich ist damit aber auch die grünliche Restmolke nach dem Käsen gemeint. Und so, wie ich das Wort kennengelernt habe, wird damit eine ganz spezielle Art von Magertopfen bezeichnet, der durch starkes Wiedererhitzen der Restmolke nach dem eigentlichen Käsen unter Beigabe von etwas Essig als »Säurewecker« entsteht. Die hierbei in verblüffender Menge ausfallenden weißen »Flankerln« presst man mit Hilfe eines Siebtuchs zu einem Klumpen. Dieser Schotten kann – zum Beispiel in einem Blattsalat – problemlos mit Mozarella mithalten und ist ungesalzen auch ähnlich geschmacksneutral.

Schwenden – Achtung, dieses Wort klingt harmlos, ist es aber nicht! Wenn ein leitendes Mitglied der Almgemeinschaft zum Hirten sagt, dass er »jetzt dann amal am Wochenende mit ein paar Leut zum Schwenden vorbeischauen« wird, dann heißt es, Rind und Kegel vor einem Massaker in Sicherheit zu bringen: Am Sonntag um 7 Uhr in der Früh steht eine Horde lautstarker Burschen (meist noch mit etwas Restalkohol von der Vornacht im Atem) mit Kettensägen, Benzin und Hacken bewaffnet vor der Hütte. Während man noch glaubt, ein neuer Bauernkrieg sei ausgebrochen, und schlaftrunken nach Stiefeln und Axt sucht, macht sich die bäuerliche Armee schon über die Landschaft her: Büsche werden ausgehackt, Zwergsträucher und Jungbäume mit der Kettensäge dem Erdboden gleichgemacht, kurz: alles niedergemetzelt, das höher als ein Löwenzahn und stabiler als ein Ballermann-Trinkhalm ist. Warum man das darf? Weiden sind alte »Kulturlandschaften«, die teils (wie im Dachsteingebiet schon 1500 Jahre vor Christus) unterhalb der Baumgrenze der Natur abgerungen wurden. Wald wurde gerodet, so dass Gras und damit Nahrung fürs Vieh wachsen konnte. Heutzutage wächst viel von dieser Kulturlandschaft wieder zu, weil die Almflächen weniger als früher genutzt werden. Erst kommen Sträucher und Büsche, dann kommt der Wald zurück. Wäre das an anderen kahlen Stellen ein Segen, ist es hier nicht erwünscht. Das Schwenden ist gesetzlich geregelt, wird vielerorts nach dem Mondkalender nur bei abnehmendem Mond (speziell um den 30. Juli) vollzogen und endet meist mit einem kleinen Gelage auf der Hirtenalm, damit die beim Schwitzen verlorengegangenen Mineralstoffe auch schnell wieder nachgefüllt werden.

Silofutter – Heu von der Weide bzw. Mais wird luftdicht verpackt, so dass Zucker und Stärke darin zu Milchsäure vergären und das Futter auf diese Weise haltbar machen. Ein Prozess, der bei richtiger Handhabung einen Teil der Verdauung des Rindes vorwegnimmt (man stelle sich beim Menschen vorverdaute Nahrungsmittel vor ...). Als problematisch gilt diese sogenannte »Silage«, weil es (vor allem bei nicht fachgerechter Handhabung) zur Entstehung von Schimmelpilzen und Giften kommen kann, die sich bei normal getrocknetem Heu verflüchtigen. Diese gibt das Tier in seiner Milch bzw. im Fleisch an den Konsumenten weiter. Zudem frisst eine »Silokuh« den ganzen Winter über saure Nahrung, was sich im Geschmack der Milch (und natürlich in der Folge auch im Geschmack des Käses) niederschlägt. Die Milch weist dann einen erhöhten Buttersäureanteil auf, und »Silokäse« neigt durch die veränderten Inhaltsstoffe eher zum »Blähen«. Heutzutage ist es in der Regel möglich, dieses aus den 60er Jahren stammende Silagesystem zu vermeiden, indem das Winterfutter gut getrocknet wird. Wie bei vielen Dingen, die gut wären, aber nicht passieren, ist dies wieder einmal eine Frage des Preises. Und letztlich entscheidet wohl wieder einmal der Konsument mit dem Griff zum Endprodukt im Supermarktregal, was sich für den Viehbauern lohnt.

Topfen – Der Ausruf »Ein so ein Topfen!« bekundet im bayerischen und österreichischen Raum die Vermutung, dass das Stammtisch-Gegenüber Schwachsinniges von sich gegeben hat. Ob man an dieser Stelle im norddeutschen Raum auch von »Quark« sprechen kann, ist dem österreichischen Autor dieser Zeilen nicht bekannt. Fakt ist jedoch, dass Quark (das Wort hat slawische Wurzeln) und Topfen (weil er nun mal in einem Topf entsteht) aus Sicht des Käseherstellers dasselbe sind. Nämlich eine Form von Frischkäse, die sich durch Beigabe einer etwas geringeren Menge Labs als bei der normalen Käseherstellung von der Molke absetzt. Danach presst man die gewonnene, stark eiweißhaltige Masse noch durch ein Sieb und in eine Form (von hier aus ist es nur noch ein kleiner – aber schwieriger – Schritt zum Kochkäse, alias »Glundner«). Andere Bezeichnungen für Topfen je nach Ecke im deutschen Sprachraum: Glumse, Matte, Sibbkäs.

Viehsalz – Wird den Kühen auf der Alm täglich vom Hirten gegeben, um den Mineralienhaushalt der Tiere zu verbessern. Denn auch Kühe haben, wie der Mensch, Bedarf nach dem im Kochsalz (NaCl) enthaltenen Natrium. Finden die Rinder auf einer frischen Weide genug wertvolle Gräser zum Fressen vor, ist ihr Verlangen nach zusätzlichem Salz gering. Ist die Futterqualität schlecht oder geht das Potenzial der Weide dem Ende zu, merkt man das auch an der Gier, mit der die Kühe zum Salz stürmen. Die Salzsucht der Kühe einer Herde ist verblüffend unterschiedlich. Während manche – vor allem eher jüngere – Kühe völlig abhängig von der täglichen Dosis zu sein scheinen, ist es für andere offenbar entbehrlich. Salz ist ziemlich schwer. Und wenn der Hirte eine große Herde zu versorgen hat, die weit weg von jedem Forstweg weidet, dann schleppt er ordentlich Gewicht mit sich herum. Beste Abhilfe: Geleerte und getrocknete Plastik-Mineralwasserflaschen mittels Trichter mit Salz befüllen und Gästen in die Hand drücken, die hinauf zu Vieh (oder auf den Berggipfel dahinter) wollen. Die Flaschen sind wasserdicht und halten extrem viel (auch gierige Kühe) aus, so dass das Salz auch nach tagelangem Regen sicher aufbewahrt ist. Viehsalz ist zudem das ideale Mittel des Viehhirten, um seiner Herde emotional etwas näherzukommen. Von Hand gefüttertes Salz schafft Vertrauen und erleichtert manch einen Viehtrieb, wenn die Kühe ganz von allein erwartungsvoll dem Hirten nachtraben. Was das Viehsalz vom normalen Küchensalz unterscheidet, fragt sich der Hirte spätestens dann, wenn er auf dem mehrstündigen Marsch zu seiner Herde den Küchensalzstreuer für die Jause vergessen hat, wohl aber eineinhalb Kilo Viehsalz im Rucksack mitschleppt. Hochwertiges Küchensalz wurde zum Beispiel in Deutschland bis 1993 eigens versteuert. Wenn man ungereinigtes Salz für Industriezwecke oder eben zum Viehhüten brauchte, dann durfte das billiger sein, musste aber mit Eisenoxid »vergällt« (also ungenießbar gemacht) werden. Eisenoxid ist nicht giftig, gibt dem Salz aber einen eher unangenehmen Geschmack. Zum Salzen einer ansonsten faden Tomate oder eines hartgekochten Eies kann es aber zur Not schon herhalten, schließlich macht es den Kühen auch nichts aus. Für Popcorn und Salzmandeln ist es aber vermutlich nicht zu empfehlen.

Viehschinder – war bestimmt zu keiner Zeit in der Geschichte eine Ersatzbezeichnung für Viehhirte, aber der Begriff bekam immerhin in der 242 Bände umfassenden ökonomischen Enzyklopädie des Johann Georg Krünitz von ca. 1798 einen Eintrag. Das Werk beschreibt unter diesem Stichwort eine rohe Person, die – meist in Folge von Trunkenheit – »Thierquälerey« betreibt, welche bestraft werden muss. In der Praxis ist es manchmal wirklich sehr schwierig, zwischen einem solchen sinnlosen Schinden und einer nicht anders möglichen Maßnahme zu unterscheiden. Selbstverständlich ist jede Handhabung der Tiere, die ohne »Ohrwatschn« oder Schläge abgeht, zu bevorzugen. Wenn ein Hirte eine laute Stimme hat, wird er sich zwar nicht sonderlich bei den Idylle-suchenden Touristen beliebt machen, dafür aber länger ohne Handgreiflichkeiten auskommen. Oft hilft es auch, einfach ein bisschen geduldiger zu sein. Aber wenn etwas absolut gegen den Willen des Tieres geschehen muss, funktioniert das leider nicht. Zudem kommt wohl gelegentlich jedem Viehhirten einmal der Stock aus.

Viertel – In meiner Heimatstadt Wien ist ein Viertel – besser gesagt: ein »Vierterl« – ein Glas voll vergorenem, »heurigem« Traubensaft. In der etwas anders polarisierten Welt der Milchbauern handelt es sich beim »Viertel« um einen der vier eigenständigen Milchdrüsenkomplexe des Euters einer Kuh. Jedes dieser vier Viertel gilt als eigenes Organ und ist in seiner Funktion vollständig von den anderen dreien getrennt. »Ein Viertel haben« bedeutet im Milchbauernjargon folglich nicht, dass der Landwirt stolzer Besitzer eines Glases Müller-Thurgaus oder Veltliners ist, sondern dass seine Kuh an einer ihrer Milchdrüsen eine Entzündung hat, die das besagte Euterviertel ausfallen lässt. Ob sich der berühmte Drei-Viertel-Takt ursprünglich von einer speziellen Wiener Melktechnik ableitete, konnte leider im Zuge der Recherchen für dieses Buch nicht geklärt werden.

Vormelken – Aus Sicht der Kuh könnte man es auch als Vorspiel bezeichnen. Wenn die Kuh zum Melken von der Weide in den Stall kommt, finden sich am Euter – meist infolge einer längeren Siesta in der Wiese – Mist- und Erdrückstände. Speziell im Bereich des Milchkanals sollte das Euter vor dem Melken daher gründlich gereinigt werden. Danach erfolgt das Vormelken, bei dem ein paar Spritzer Milch quasi verschossen werden, damit der Milchkanal auch wirklich sauber ist. Das Vormelken bringt die Kuh in Verbindung mit einer Heunascherei in Geberlaune.

Wamme – »Verschwinde, sonst hau ich dir eine in die Wamme!« Klingt zwar wie eine veritable Drohung, vor der man sich in Acht nehmen sollte, wird aber in der Realität nur ganz, ganz selten ausgesprochen werden. Denn »Wampe« – oder irgendeine norddeutsche Sonderverunstaltung des Wortes – ist hier nicht gemeint. Die Wamme ist vielmehr eine Art Hautfalte, die bei diversen Tieren im Bereich des Halses hinunterhängt und Fettgewebe enthält. Kaninchen haben eine solche Wamme, manche Hunde (wie der Bassett), aber vor allem Kühe. Das Doppelkinn älterer Damen und Herren als Wamme zu bezeichnen, wird aber bestimmt gemeinhin als untergriffige Doppelbeleidigung gesehen und könnte eine ähnliche Reaktion provozieren, wie sie eingangs dieser Begriffserklärung angedeutet wurde.

Weidepflege – Auch eine Weide muss gepflegt werden. Dies tut man nicht, indem man sie mit der großen Hirtenbürste kämmt, sondern indem man (unter anderem) die Herde geschickt steuert. Ein Beispiel: Befindet sich die Weide direkt im Umfeld einer Hütte, so lieben es die Kühe, sich dort für die Wiederkäu-Siesta niederzulassen. Hat die Verdauung ihren Lauf genommen und die Kuh steht auf, weil sie mit ein paar weiteren Büscheln saftigem Almgras liebäugelt, entleert sie meist an Ort und Stelle ihren Darm. Warum sollte sie auch den Zusatzbalast unnötig mit sich herumschleppen? Dadurch bekommt der Bereich um die Hütte über die Jahre unverhältnismäßig viel Biodünger ab, was die üblicherweise wachsende Gräser- und Kräutermischung verändert. Eine Unkrautpflanze, deren Samen mit dem Rinderkot transportiert werden und die ganz hervorragend unter diesen überdüngten Bedingungen gedeiht, ist der Ampfer – Vulgo-Kärntnerisch: Sauplotschn. Der Ampfer bildet riesige Blätter, stiehlt seinen Wiesenmitbewohnern dadurch Sonnenlicht und die Möglichkeit zur Photosynthese, was sie mit der Zeit verdrängt. Der Gipfel des Dilemmas: Kühe mögen Sauerampfer nicht wirklich gern (nur in getrocknetem Zustand). Ein geschickter Hirte steuert nun seine Kühe mit Hilfe von Umzäunungen so, dass so eine Ampferweide nicht noch mehr Dünger abbekommt, und hilft zusätzlich mit der Sense nach. Eine andere Art der Weidepflege ist das Schwenden. Aber das wird anderswo erklärt.

Weidezeugnis – Am Ende eines Almsommers stellt der Hirte jeder Kuh ein Weidezeugnis aus. Benotet werden die Disziplinen Fresstechnik, Wanderlust, Auffassungsgabe, Betragen gegenüber Mitkühen und Betragen gegenüber dem Hirten. Muss der Hirte in einer der zuletzt erwähnten Disziplinen eine Note schlechter als 3 erteilen, dann ist dies einer Karriere-Empfehlung als Rindsgeschnetzeltes gleichzusetzen. Nein, Spaß beiseite. Für jede Kuh, die auf die Alm einer Dorfgemeinschaft getrieben werden soll, braucht der Bauer ein Weidezeugnis, das ihm der örtliche Tierarzt ausstellt. Dieses dokumentiert neben Geburtsdatum und Ohrmarkennummer zur Identifikation auch diverse Impfungen (zum Beispiel gegen Rauschbrand), die die Kuh bekommen hat. Und es bescheinigt, dass das Tier von einem seuchenfreien Hof stammt. Der Sinn der Sache liegt auf der Hand: Wer will schon nach dem Sommer eine kranke Kuh zurückbekommen, nur weil das Vieh vom ansonsten doch so netten Nachbarbauern sie mit irgendetwas angesteckt hat.

Wiederkäuer – Was ein echter Wiederkäuer ist – so weiß man aus dem Bioschulbuch –, der hat wie die Kuh vier Mägen (fünf, wenn man den Schleudermagen separat mitzählt), die da heißen Pansen, Netzmagen, Blättermagen und Labmagen. Etwa eine Stunde nach dem eigentlichen Fressen beginnt die Kuh mit dem Wiederkäuen, wobei das Gefressene aus dem bis zu 200 Liter fassenden Pansen mit Hilfe des Netzmagens wieder hinaufgewürgt wird. Mit ihrer Raspelzunge und den Unterkieferzähnen drückt die Kuh das Futter so lange an die Gaumenplatte (Kühe haben am Oberkiefer keine Zähne), bis es stark zerkleinert und mit Speichel vermischt ist, und schluckt es dann wieder hinunter. Bis zu acht Stunden am Tag verbringt die Kuh damit, wobei sie täglich bis zu 200 Liter Speichel zur Erleichterung des Vergärungsprozesses produzieren kann. So stellt die Kuh aus Rohfaser (Zellulose), die für die meisten anderen Tiere unverdaulich ist, hochwertige Milch her.

Zwergstrauch – Man nennt ihn auch den Bonsai der Berge. Hinter dem Begriff Zwergstrauch können sich alle möglichen Arten von Gewächsen wie Alpenrose oder Wachholder verbergen. Das ist dem Hirten bzw. dem Bergbauern bei Verwendung dieses Begriffs aber wurscht. Zwergsträucher sind jene eher unbeliebten Astwerke, die sich auf einer Weide breitmachen, wenn sie eine Zeitlang nicht benützt wurde. Da Almweiden ja im Grunde uralte, aber meist von Menschenhand erzeugte Nutzflächen sind, holt sich die Natur diese, sobald man ihr den Rücken kehrt, stückchenweise wieder zurück. So sind Zwergsträucher ein untrügliches Zeichen dafür, dass die Natur da gerne etwas wieder retourniert bekommen würde. Auf effiziente Weise kann man ihnen eigentlich nur mittels Säge und Astschere zu Leibe rücken. Das nennt man dann Schwenden, wird von der EU gefördert und ist normalerweise einmal im Jahr mit einer eintägigen Invasion trinkfester Dorfbewohner verbunden.

Eine Kuh macht noch Muh

Berthas Nachwort

Na? Hat's euch gefallen? Wenigstens ein bisschen was dazugelernt? Ich muss zugeben, sogar ich als Kuh hab das nicht alles gewusst. Aber ich bin ja auch erst fünf Jahre alt. Nächstes Jahr werde ich nicht mehr auf dieser Alm sein. Ich hatte ja diesen Sommer Babypause. Und nachdem mein Kälbchen im Oktober auf die Welt kommt, bin ich nächstes Jahr drüben auf der anderen Alm bei den Milchmädels und liefere zweimal täglich meinen bescheidenen Beitrag zum berühmten Gailtaler Bio-Almkäse, den die Senner und Sennerinnen hier machen. Drüben helfen übrigens auch jedes Jahr ein paar Anfänger aus.

Auch wenn ich's nicht live miterleben werde, ich bin schon sehr gespannt, wer nächstes Jahr drüben am Riegel den Hirtenjob dieses Stadtmenschen übernehmen wird. Die Bauern im Ort waren, was die Nachbarskühe so muhen, dem Vernehmen nach ganz zufrieden mit ihm. Aber, ob er noch mal die Zeit dazu findet? Ob er überhaupt Lust dazu hat? Wir haben ja manchmal wirklich ziemlich seine Nerven strapaziert, und die Aktion mit dem Italien-Ausflug war im Nachhinein gesehen wirklich nicht in Ordnung. Ich meine, wir hätten ihm ja wenigstens Bescheid geben können. Gina, meine Cousine, hatte ja extra schon eine Bauernregel für ihn als

Hinweis gedichtet: »Hat die Herde Langeweile, zieht sie auf die Partymeile« – oder so. Aber übersetz das mal auf Viehhüterisch ...

Eure Bertha

Viele Kühe, wenig Mühe

Nachwort des Autors

»Kühe auf der Alm sind aus Fotografensicht wie Palmen auf Hawaii: Auf den Bildern sind sehr schnell zu viele, und sie ermüden das Auge des Betrachters ...« – Diese Almweisheit hat mein Bruder bei seinem Besuch von sich gegeben. Tatsächlich sind auch Hunderte genau solcher Fotos entstanden: Kühe im Regen, Kühe im Steilhang, Kühe bei Nacht. Scheintote, akrobatische, lebensmüde, liebesbedürftige, faule, niedliche Kühe. Was für mich ganz unterschiedliche Bilder sind, mit ganz bestimmten Kühen, an die ich mich persönlich erinnere wie ein Lehrer an jeden seiner Schüler, ist für andere eine weiß-braun gefleckte Rinderwüste. Ich vergleiche das gerne mit einem Weinprofi, der die Nuancen von 40 verschiedenen vergorenen Traubensäften zu unterscheiden und zu beschreiben vermag und sie zu schätzen weiß. Wohingegen ein Nicht-Weintrinker bei dieser Dimension nur noch die Alkoholmenge wahrnimmt.

Längst bin ich von der Alm herunten, das Vieh wieder zurück bei seinen Bauern und ich daheim in meiner Stadt. Ich habe bei meinem Abschied versucht, das letzte Bild »meiner« Alm im goldenen Spätsommerlicht mit den langen Schatten der Bäume und Felsen in mich einwirken zu lassen, damit ich es später immer abrufen kann, wenn ich es brauche.

Ebenso wie den unvergleichlichen Blick von der Hütte hinunter ins Tal, der über den Pressegger See hinweg in der Ferne bis zum schneeweiß angezuckerten Dobratsch reicht und in der Abendsonne kitschiger und unglaubwürdiger aussieht als die Twentieth-Century-Fox-Filmkulisse zu »Sound of Music«. Die Alm und die dazugehörigen Menschen haben ein Stück meines Herzens erobert, und ich ahne, dass dies auch ein Teil meines zukünftigen Lebens werden könnte. Die kontrastierenden, zum Teil sogar widersprüchlichen beiden Welten, die ich erleben darf und durfte, helfen mir in meinem Stadtalltag immer wieder, die kleinkarierten Problemchen, die da kommen, nicht zu ernst zu nehmen und die echten, unvermeidlichen Mühen lockerer zu schultern.

Irgendwie harmlos wirken sie, diese aufgeregt wütend hupenden Autofahrer in der Herde – pardon – im Stau. Auch noch Monate nach meinem Almabtrieb bin ich jedes Mal dankbar, wenn aus der Dusche binnen Sekunden heißes Wasser fließt, ohne dass ich Holzhacken und einheizen muss. Und ich bin dankbar, wenn ich nicht jeden Morgen das Gefühl haben muss, an einer eiskalten Klobrille festzufrieren. Ich weiß im Supermarkt, wie viel Mühe so ein Bio-Almkäse vom Melken der Milch bis zum Ausreifen des Endprodukts macht und was seinen Preis rechtfertigt. Und eine Waschmaschine ist eine wirklich anbetungswürdige Erfindung, vor deren Bullauge ich – statt fernzusehen – stundenlang sitzen könnte, um ihr beim Arbeiten zuzuschauen.

Wann immer ich irgendwo auf dem Land eine Kuhherde sehe, muss ich hin. Schauen, ob hübsche dabei sind, neugierige und scheue. Die Neugierigen ein bisschen kraulen und ärgern, die Scheuen vorsichtig heranlocken und mit ihnen

Freundschaft schließen. »Ah, ein Tourist, der wohl noch nie Kühe aus der Nähe gesehen hat!«, glaube ich die Einheimischen hinter meinem Rücken sagen zu hören. Wenn die wüssten. Vielleicht, weil Kühe sonst so selten gekrault und gestreichelt werden, mache ich es noch immer besonders gerne. Und natürlich auch, weil es schöne Erinnerungen wachruft.

Schon aus diesen persönlichen Gründen habe ich mir erlaubt, die gleichzeitig mit diesem Buch erscheinende Internetseite *(www.almhandbuch.com)* mit einer größeren Auswahl meiner Almfotos auszustatten, als ich hier unterbringen kann. Vielleicht gibt es ja auch außer mir noch andere Kuhfans, denen der Flug nach Hawaii nur für ein paar Palmenfotos zu teuer und zu weit ist. Auf alle Fälle freue ich mich aber über Kommentare und jede Art von Feedback.

Mama sagte: »Sag immer brav danke!«

Wie vermutlich bei jedem Buch gibt es eine Unmenge an Personen, denen man wirklich zu Dank verpflichtet ist. Und wie bei jedem Buch, kann man nur ein paar von ihnen nennen: Großes Dankeschön also meiner Freundin Olivia, mit deren Hilfe ich meine Träume wahr werden lassen kann; meinem Bruder Stefan für die (wie immer) unverblümteste und schärfste aller Kritiken; meiner Familie für das Unterstützen der meisten meiner Blödheiten; meinen Almmeistern Hans und Christof für die Rettungsringe, die sie dem ertrinkenden Stadtmenschen immer wieder unermüdlich zuwarfen; Peter Gruber für das Wecken des Viehhirten in mir; Hermann Lackner für das Erkennen des Hirten in mir; den Stattmanns, Oberlöffeles und Zankls für das »Daheim-Gefühl«; dem »Schlosser«-Peter für seine erstaunlichen Geschichten von damals und das Zurechtrücken des Jäger-Images; der Gemeinde Rattendorf im schönen Kärntner Gailtal und ihren liebenswerten Menschen für ihre Akzeptanz, Unterstützung und Freundschaft; dem Forellen-Gasthof Zerza in Waidegg für den gelegentlichen kulinarischen Genuss-Urlaub vom Almessen; und natürlich meinen Kühen fürs Mitmachen und ihre nur vereinzelten Anfälle von kollektivem Ungehorsam. Ich meine: Stell dir vor, es ist Almauftrieb, und keine geht hin.